秀珍菇和榆黄蘑优质生产技术

XIUZHENGU HE YUHUANGMO YOUZHI SHENGCHAN JISHU

徐　江　何焕清　主编

中国科学技术出版社

·北　京·

图书在版编目（CIP）数据

秀珍菇和榆黄蘑优质生产技术 / 徐江，何焕清主编 . —北京：中国科学技术出版社，2020.7

ISBN 978-7-5046-8676-3

Ⅰ. ①秀… Ⅱ. ①徐… ②何… Ⅲ. ①食用菌—蔬菜园艺 Ⅳ. ① S646.1

中国版本图书馆 CIP 数据核字（2020）第 083774 号

策划编辑	刘 聪
责任编辑	刘 聪
装帧设计	中文天地
责任校对	张晓莉
责任印制	徐 飞

出 版	中国科学技术出版社
发 行	中国科学技术出版社有限公司发行部
地 址	北京市海淀区中关村南大街16号
邮 编	100081
发行电话	010-62173865
传 真	010-62173081
网 址	http://www.cspbooks.com.cn

开 本	889mm × 1194mm 1/32
字 数	123千字
印 张	5
版 次	2020年7月第1版
印 次	2020年7月第1次印刷
印 刷	北京中科印刷有限公司
书 号	ISBN 978-7-5046-8676-3 / S · 760
定 价	20.00元

Contents 目录

第一章
概　述

食用菌具有“不与人争粮，不与粮争地，不与地争肥，不与农争时，不与其他行业争资源，点草成金、化害为利、变废为宝、无废生产”等独特的产业优势。这种特点使食用菌当仁不让地成为符合科学发展需要的农业朝阳产业。秀珍菇和榆黄蘑作为当下深受市场欢迎的食用菌新秀占有重要位置。二者人工栽培生产周期短、经济效益高，是发展前景十分广阔的食用菌种类。

一、栽培概况

（一）经济效益

1. 秀珍菇　秀珍菇起源于热带和亚热带，属中、高温型菌类，因此极容易在温带地区栽培。

图 1-1　秀珍菇（涂改临　摄）

秀珍菇（图 1-1）质地脆嫩，清甜爽口，味道鲜美，具有独特风味，甚至被称为“味精菇”，因此成为近年来的菌中新秀，颇受市场欢迎。秀珍菇的蛋白质含量接近于肉类，比一般蔬菜含量高 3～6 倍。更为可贵的是，它含有人体必需氨基酸中的苏氨酸、赖氨酸、亮氨酸（表 1–1）等。

表 1–1　秀珍菇营养成分表

组　分	含　量	组　分	含　量
纤维素（%）	1.16～2.01	无味氨基酸（克 /100 克）	0.24～0.26
总糖（%）	0.46～3.34	苦味氨基酸（克 /100 克）	0.74～0.79
蛋白质（%）	3.34～4.21	钙（微克 / 克）	59.9
粗脂肪（%）	0.17～0.20	铁（微克 / 克）	27.68～543
维生素 C（毫克 /100 克）	7.5～9.23	镁（微克 / 克）	1201
氨基酸总量（克 /100 克）	2.36～2.69	锌（微克 / 克）	41.9～49.28
必需氨基酸（克 /100 克）	0.88～0.96	铜（微克 / 克）	10.59～11.1
鲜味氨基酸（克 /100 克）	0.72～0.91	硒（微克 / 克）	0.03～0.77
甜味氨基酸（克 /100 克）	0.54～0.59	磷（毫克 / 克）	2.751

2. 榆黄蘑　榆黄蘑（图 1–2）含丰富的营养成分如蛋白质、氨基酸和维生素等，基本涵盖了人体维持正常生理功能所需要的六大营养物质。榆黄蘑具有治疗虚症、萎症、痢疾和滋补的疗

图 1–2　榆黄蘑（肖自添　摄）

效，可入药，是一种食药同源的真菌。目前，以榆黄蘑为主要原料的功能性保健品、饮品也已出现在市面上，如以榆黄蘑多糖为主制成的具有降血脂功效的咀嚼片、混合榆黄蘑多糖及其他保健成分的新型复合功能饮料，以及以榆黄蘑子实体汁为主或以榆黄蘑液体深层发酵的发酵原液为主的原味饮料或混合其他果汁的果味饮料等。

总之，榆黄蘑具有营养价值高、能量低的特点，是一种优质的食用菌和药用菌，具有很大的研究和开发价值，以及广阔的发展空间。

（二）发展现状

1. 秀珍菇　秀珍菇菌肉肥嫩，味鲜爽口，有鲜甜海鲜味且营养丰富，受到广大消费者的喜爱。随着人们生活水平的提高，以及对秀珍菇经济、营养以及保健价值认识的提高，秀珍菇市场需求量逐年增大。据统计，全国秀珍菇总产量 2007 年为 17.4 万吨，2014 年上升至 33.1 万吨，占同期国内食用菌总产量的 1% 左右，在我国所有栽培食用菌种类中排名第 15 位。

当前，秀珍菇主要以设施大棚栽培为主，包括竹木结构大棚栽培、钢架结构大棚栽培、竹木结构大拱棚栽培、温控培养室栽培等模式。秀珍菇生产方式须因地制宜，南北方不同的环境条件形成了不同的生产方式——南方秀珍菇栽培多采用竹木结构大棚进行高密度栽培；北方速生林下栽培秀珍菇技术则得到大力推广和应用，部分地区根据当地条件利用墙式堆叠或层架堆叠的方式进行室内袋料栽培；在发源地台湾，秀珍菇生产则主要利用太空包栽培技术，产量较高。

此外，关于秀珍菇栽培原料的创新研究也得到长足发展。有研究者利用谷秆两用稻草粉部分替代培养料中的麦麸，不仅可提高栽培袋制作的成品率，降低栽培料成本，秀珍菇的生物学效率还略有增加。对于反季节栽培，有研究表明，通过对稻草粉中的氮、碳营养源调节秀珍菇菌丝与杂菌的生长竞争关系，可使秀珍菇在夏季栽培中获得较高产量，取得良好的经济效益。但秀珍菇作为秋末初春生长的一种适温型食用菌，周年生产还有一定的困难，尤其在夏季高温时期。因此，除常规栽培外，秀珍菇反季节栽培、工厂化周年高效栽培等正成为研究的热点。我国秀珍菇产业经过十多年的发展，呈现出以下特点。

（1）生产基地日趋规模化 2013年福建罗源县秀珍菇栽培量达到1.2亿袋，销售鲜菇7.1万吨，产值5.1亿元，产销量占全省的70%。罗源秀珍菇已由分散栽培模式发展为集约化、规模化、设施化栽培模式，栽培季节由原来的秋冬季节发展到现在秋冬和春夏并举的周年栽培。目前，罗源县有年生产规模100万袋以上的企业和专业合作社7家，50万袋以上的53家，30万袋以上的73家，15万袋以上的179家，形成了一批专业大户和专业村，并建造了703座工厂化食用菌生产的固定厂房，成为全国最大的秀珍菇生产基地县。

（2）生产技术标准化 我国秀珍菇产业按照技术先进、符合市场需求和与国际标准接轨的要求，各地先后建立起包括秀珍菇生产技术、加工包装、储藏运输等环节的质量标准体系。2004年，浙江省率先推出地方标准DB 33/526—2004《无公害秀珍菇》；2012年，再次修订后的浙江省地方标准DB 33/526—2012《秀珍菇生产技术规程》正式发布实施。2006年，常山江牌秀珍菇被评为“浙江名菇”，2010年，浙江省常山县建成国家级秀珍菇栽培标准化示范区。2005年，福建省紧随浙江省推出地方标准DB 35/T 649—2005《秀珍菇》。2008年，福建省罗源县建成国家级秀珍菇栽培标准化示范区，极大地促进了全县的秀珍菇产业的发展。2010年，罗源秀珍菇获得国家农产品地理标志登记，并依法实施保护。近几年，安徽、山东、江西、北京及南京等地也先后制定和实施了秀珍菇生产技术规程。

（3）生产条件设施化 借助政府扶持政策，秀珍菇的生产设施也有了较大发展，主要以设施大棚栽培为主。秀珍菇栽培生产的棚架已经从最初的竹木大棚逐渐向标准化钢架菇棚转型升级。秀珍菇栽培的钢架菇棚内壁也采用保温材料，并配备微喷、遮阳等系统，通过改进降温工艺，将最初的“固定打冷”升级为“移动打冷”，从而显著提高了秀珍菇大棚栽培的生产效率和经济效益。

（4）生产模式专业化 一般来说，产业发展往往会促进专业分工，从而涌现一批专门从事良种繁育，原、辅材料加工供应，菌袋生产供应，产品保鲜、销售等的专业公司和行业合作社，并形成专门从事接种、出菇管理的秀珍菇生产技术队伍。这种产业链的分工细化不仅明显提高了秀珍菇产业的生产效率，同时也显著降低了秀珍菇栽培生产的风险。目前，浙江省秀珍菇生产模式有 3 种：普通农户小规模生产，主体规模化、工厂化、集约化生产，工厂式菌包专业化生产＋农户分散出菇管理。其中，工厂＋农户、公司＋农户或公司＋合作社（基地）＋农户，以及专家＋技术人员＋生产骨干＋广大菇农的模式最具发展潜力，极大地保障了菇农的利益和秀珍菇产业的发展。此外，龙头企业通过做强“菌包生产”和“市场开拓”等核心业务，还将出菇管理外包给其他生产工厂或菇农等。福建省罗源县食用菌从业者还构建了“统一制种，分户栽培，统一销售”的发展模式。

2. 榆黄蘑 人工栽培榆黄蘑的原料来源广泛，可因地制宜，南北方不同农作物的废弃物，如玉米芯、棉籽壳、稻草、蔗渣及酒糟等均可做原料。一般来说，以单一原料作为食用菌栽培料时，生物学效率往往较低，所以在食用菌栽培中多采用混合料进行栽培。因此，除了上述原料之外，国内也开展了大量关于榆黄蘑栽培原料的试验研究，如王德芝等通过研究筛选出了利用板栗苞栽培榆黄蘑的最佳栽培料配方。该配方比常规杂木屑配方的栽培成本降低 0.4 元 / 千克，投入产出比达到了 1∶2.8，经济效益显著提高。蒙健宗等发现在栽培榆黄蘑时添加沼渣、沼液能使榆黄蘑产量和营养成分显著提高。韩建东等以工厂化栽培的金针菇菇渣和棉籽壳为主要栽培原料栽培榆黄蘑，发现随着菇渣添加量的增加，菌丝发菌满袋的时间延长，但菇蕾的分化时间却相应缩短；当菌渣占比为 50% 以下时各配方的最终产量无显著差异，而当菌渣占比达 50% 时，生物转化率达到 120.5%，最终核算栽培成本可降低 18.33%，获得的单菌袋净利润也最高。

在榆黄蘑菌种制备方法研究上，李延辉等研究了榆黄蘑液体菌种制备时摇瓶的不同装液量、不同转速、不同初始 pH 值及不同温度对液体菌种发酵的影响，确定最佳培养条件（500 毫升三角瓶）：培养基初始 pH 值 6，摇床转速 160 转 / 分钟，培养温度 27℃ ；二级菌种培养时间为 7 天。

对于榆黄蘑的栽培方法，由于我国各地环境条件不同，因此也发展出各式各样的综合适应各种环境条件和经济效益的栽培方式，如仿野生栽培、半地下栽培、埋木栽培、阳畦栽培、瓶栽、菌块栽培、露地栽培、床式栽培、大棚畦栽及日光温室栽培等。

其中，埋木栽培法简单易行，前期投入相对较少，管理方便，发菌和出菇的温湿度极易达到要求；而阳畦栽培法主料是利用棉籽壳或玉米芯，具有操作简单，易管理，人工物力投资少，效益高的特点，而且生物学效率可达 71%～80%。此外，杨儒钦根据生产实践总结出榆黄蘑的周年栽培技术，在春季、冬季通过人为创造适宜的生长环境进行榆黄蘑的栽培生产，夏季、秋季则在自然温度条件下进行栽培生产，实现了榆黄蘑周年栽培生产的目的，提高了榆黄蘑的经济效益。此外，Pani 等人通过对榆黄蘑的生物学特性研究发现，榆黄蘑深层培养的最适宜碳源为葡萄糖和玉米粉，最适宜氮源为蛋白胨、酵母膏和豆饼粉。

（三）发展前景

秀珍菇和榆黄蘑作为国际市场上新出现的食用菌品种，不仅在我国，而且在东南亚国家和日本等海外市场也十分畅销，除了鲜销，还可加工成罐头产品，潜力巨大。秀珍菇和榆黄蘑栽培

原料基本类似，主要是棉籽壳、麸皮及杂木屑，这些原料来源丰富，且两种菇的生物转化率高，出产量高，种植成本较低，受到菇农青睐。此外，食用菌栽培废料可全部作为有机肥用于花卉、果树、作物栽培，与当前生态农业循环利用的发展目标契合。

秀珍菇和榆黄蘑除作为蔬菜食用外，还具有丰富的药用价值，如降低人体胆固醇和血脂浓度，增强免疫力、抑制肿瘤等，是很好的食药用菌。

二、生物学特性

（一）生态习性

1. 秀珍菇　秀珍菇作为一种木生菌，栽培上通常以富含纤维素、木质素、半纤维素的阔叶树木屑、棉籽壳、玉米芯和秸秆等为主要碳源，也可加入少量蔗糖以供菌丝初期生长所需。秀珍菇属变温结实性菇类，不同的生长阶段对温度的要求不一样。秀珍菇菌丝发育温度 7～30℃，最适温度 22～25℃。子实体形成温度 8～22℃，最适温度 12～20℃。秀珍菇菌丝喜好在微酸性培养基上生长，培养基最适 pH 值 6～6.5。培养基含水量在菌丝生长阶段以 55%～60% 为宜，空气相对湿度 65% 左右；在出菇阶段则以 60%～65% 时生长发育良好，空气相对湿度在 90% 左右生长良好。秀珍菇为好氧菌类，菌丝发育和子实体生长发育均需要供给一定的氧气。菌丝在黑暗条件下也能生长，但出菇阶段需要适当的散射光线。秀珍菇出菇时间一般在 4—10 月份。由于我国各地气候差异较大，同一地区不同海拔的气温也有一定的差异，因此秀珍菇的栽培季节必须根据各菌株的特性和当地的气候情况来确定，通常秋季和春季栽培较多。广东地区秀珍菇通常在 9 月份至翌年 5 月份栽培，冬季最高温度在 20℃左右，较适合栽培秀珍菇，此时杂菌及害虫少，产量高且稳定。合理安排

高、中、低温型菌株和采用相应的栽培设施及管理措施，秀珍菇可全年栽培，在高海拔的山区可进行高温反季节栽培。栽培者必须根据当地气候条件、品种特性及市场供求情况来安排栽培季节。

2. 榆黄蘑 野生榆黄蘑在自然条件下主要发生在温暖多雨的7—8月份的夏秋季节，丛生于榆树、栎树、桦树、杨树、柳树、核桃树等阔叶树的枯立木干基部、伐桩和倒木上，偶尔也见于弱势活立木上。自然环境中榆黄蘑主要分布于中国、东南亚、欧洲以及北美等地。国内分布地区较广，东北地区的黑龙江省、吉林省和辽宁省的林区较多，华中地区的湖南省、华南地区的广东省以及西南地区的四川省、西藏（自治区）等地也有分布。

榆黄蘑菌丝发育温度为6～32℃，最适温度23～28℃。子实体形成温度为16～30℃，最适出菇温度为20～28℃。pH值5～7都能生长，以pH值5～6.5最适宜。培养基含水量在60%～65%时生长发育良好，空气相对湿度宜保持在65%左右；子实体生长时期的培养基含水量在70%～80%，空气相对湿度在90%左右生长良好。榆黄蘑为好氧菌类，菌丝发育和子实体生长发育均需要供给一定的氧气保证生理需求。菌丝在黑暗条件下也能生长，但出菇阶段需要适当的散射光线：培养室光线暗时，菌盖颜色为浅黄或白色；培养室光线强时，菌盖黄色明显加深。榆黄蘑的人工栽培原料来源广泛，如蔗渣、牧草、棉籽壳、沼渣等，原料成本低，且生产的榆黄蘑产量和营养成分含量均显著提高。榆黄蘑生长力强、出菇快、生长期短、产量高，既可椴木栽培，又可袋料栽培，菌丝生活力强，可在榆树、杨树、桦树、椴树、水曲柳、槐树等阔叶树的锯屑培养基上生长发育，也可在红松、沙松、鱼鳞松、杉、柏等的锯屑培养基上生长发育，不过产量较低。此外，还可在棉籽壳、废棉、玉米芯、花生壳、豆壳、麦秸、稻草、茶渣以及栽过草菇和蘑菇的废培养料上生长发育。其中，又以棉籽壳、废棉和玉米芯栽培榆黄蘑的产量较高。

（二）形态特征

1. 秀珍菇　子实体形态特征：子实体单生或散生，与大多数丛生或簇生的秀珍菇相异，也是与易混淆品种“姬菇（小秀珍菇）”相区分的一个重要特征。子实体小到中型，菌盖初期常呈圆形，生长过程中渐伸展呈扇形、肾形、圆形、扁半球形或近心形，成熟后渐平展，基部不下凹或下凹不明显，成熟时常呈波状弯曲，菌盖边缘薄，幼时常内卷，成熟后或反卷。大多数菌盖直径为 3～6 厘米，出菇气温较高时部分子实体完全成熟后的菌盖直径可超过 10 厘米。菌盖开始分化时为浅灰色，后逐渐变深呈深灰色，成熟后又开始逐渐变浅，最后呈灰白色，但生长温度较高时其色泽会变浅。部分菌株还会随栽培条件的差异呈现淡黄色至深棕色的变化。菌盖随栽培方式和采收时间的不同而分别呈扇形、贝壳形或漏斗状，完全成熟平展后边缘常呈波状，基部下凹不明显，表面光滑干爽。菌肉白色，软，厚度中等。菌褶延生，白色，密，狭窄不等长。菌柄侧生，偶有近中生，白色，幼时肉质嫩实，基部稍细无茸毛，长 2～6 厘米或更长，粗 0.5～1.5 厘米，近基部渐细，呈明显的上粗下细状。秀珍菇在栽培过程中如果进行搔菌处理，会发生大量的子实体，影响最终的商品性状；若菌包栽培时菌袋口较窄，则子实体发生多至近似丛生，但个体较小，菌盖直径一般 1～3 厘米。孢子印白色。

国内栽培的秀珍菇目前主要有两个菌株：一个是引自日本的小平菇，出菇温度为 8～24℃，菌盖灰色（或灰褐色），成熟后色白，子实体主要丛生，且菌柄短，产菇集中；另一个是引自中国台湾省的小平菇，出菇温度同样为 8～24℃，菌盖颜色相对日本品种浅，呈浅灰色，子实体主要为单生，菌柄短，中生或偏生。

秀珍菇的商品菇一般要求菌盖宽 3～5 厘米，菌柄长 2～5 厘米、粗 0.5～1.5 厘米，即菌盖一般较姬菇大，菌柄较姬菇短。

2. 榆黄蘑 子实体形态特征：小至大型，多复瓦状丛生或簇生，呈浅黄色至金黄色，成熟后渐褪色，干燥后白色。菌盖浅漏斗状或近喇叭状，直径2～10厘米，肉质，表面光洁，边缘平展或波浪状，常内卷。菌肉白色，稍薄或近中等厚，脆。菌褶延生，白色，稍密，不等长，质地脆。菌柄白色至淡黄色，往往偏生，偶尔近中生，长2～12厘米，粗0.5～1.5厘米，表面具纵纹，近基部有细茸毛，常数个或数十个菌柄基部连在一起。

根据王松柏的研究，榆黄蘑子实体发育过程可分为五个时期：①菌丝体在基质中经分化、集合、扭结成无数白色头状突起，这一产生子实体原基的阶段称为子座期；②原基进一步发育，表面渐变黄色，并长出似菜花或桑葚的子实体胚乳，这一阶段称为桑葚期；③进入桑葚期后2天左右，头状原基的胚乳发育伸长，参差不齐，形似珊瑚，故称珊瑚期；④进入珊瑚期后再经过1～2天，原始菌柄顶端膨大发育成菌盖，大量的小菇成簇生长，进入幼菇期；⑤部分幼菇继续生长，菌柄逐渐长粗，同时菌盖也迅速长大，经过3～5天长成大菇。

国内榆黄蘑商品主要是干品，鲜品较少。这是因为榆黄蘑的成熟子实体不易保鲜，采下后往往一天之内就会颜色变淡至失去颜色；其次，鲜品榆黄蘑质地脆，不耐贮运，从运输到销售这个过程很难保持原来的状态，商品价值大打折扣；最后，榆黄蘑若过早采收则会影响最终的产量，而成熟期采收则运输与销售十分困难。

三、栽培环境与营养要求

（一）营养条件

营养是食用菌子实体形成和发育的物质基础，秀珍菇和榆黄蘑同为木腐生性真菌，主要依靠菌丝分泌各种酶，分解纤维素、

半纤维素和木质素，吸取糖类（碳水化合物）和含氮化合物，以及少量的无机盐、维生素等。

1. 碳源　碳是生物体中含量最高的元素，可占食用菌子实体成分的 50%～65%。磷主要作用是构成食用菌体细胞的骨架和相关物质成分，以及供给食用菌子实体生长发育所需的能量，是食用菌子实体生长最重要的营养来源。

秀珍菇和榆黄蘑只能利用有机态碳，如葡萄糖、蔗糖、麦芽糖和有机酸等小分子有机物，以及纤维素、半纤维素、木质素、果胶和淀粉等高分子有机物。上海市农业科学院食用菌研究所的冯志勇等人（2003）对秀珍菇生物学特性的研究结果表明，以可溶性淀粉、羧甲基纤维素钠为碳源时，秀珍菇菌丝生长最快，菌丝健壮；而以半乳糖为碳源时，菌丝生长速度较快，但长势较弱，菌丝瘦弱。最终得出结论：秀珍菇菌丝生长的最佳碳源是可溶性淀粉和羧甲基纤维素钠，而甘露醇和半乳糖不宜做秀珍菇菌丝生长的碳源。有研究表明，榆黄蘑培养的最适宜碳源为葡萄糖和玉米粉。

尽管很多碳水化合物都能被秀珍菇和榆黄蘑菌丝吸收利用，但在实际栽培生产中需兼顾生产成本和产出效益关系，秀珍菇和榆黄蘑营养源主要是来源广泛的富含纤维素和木质素的原材料，并且可因地制宜，如棉籽壳、甘蔗渣、玉米芯、玉米田发酵料、稻草、酒糟、豆秆等农作物秸秆或农业生产废弃物或杂木屑等均是秀珍菇和榆黄蘑栽培生产的良好碳源，也是主要的生产栽培原材料。秀珍菇栽培生产中以棉籽壳为主要栽培原料时产量最高。

一般来说，以单一原料作为食用菌栽培生产的培养料其生物学效率往往较低，所以多采用多种栽培原料按不同比例混合，以混合料进行生产栽培。其中 Ragunathan 等人利用各种不同的农业生产废料栽培榆黄蘑，研究了不同培养原料与榆黄蘑产量及生物学效率之间的关系，结果发现：以甘蔗渣为栽培原料时，榆黄蘑的菌丝体生物产量最高；而以稻草和甘蔗渣以 1∶1 的比例混合物为栽培原料时，榆黄蘑的生长率和产量达到最高；同时以稻草为栽培原料时，榆黄蘑子实体的蛋白质和氨基酸含量最高。此外，Nallathambi 等还发现榆黄蘑的栽培基质经过一定的化学方法处理后，菌株分泌的纤维素酶活性明显增强，对基质培养料的吸收明显提高，不仅菌丝体发生明显提早，而且子实体产量也在增加。

2. 氮源 大部分食用菌可直接利用有机氮和无机氮。无机氮主要是硫酸铵、硝酸铵等无机盐。有机氮主要是蛋白胨、牛肉膏、酵母膏、黄豆粉等，其中往往以牛肉膏、酵母膏为食用菌常见的最适宜氮源。上海市农业科学院食用菌研究所的冯志勇等人（2003）的研究结果表明，不同氮源对秀珍菇菌丝生长的影响不同：在以蛋白胨、酵母粉为氮源时，秀珍菇菌丝生长最健壮；尤其是以酵母粉为氮源时，秀珍菇菌丝萌发速度最快；而以甘氨酸为氮源时，菌丝生长相对较快，但菌丝相比以酵母粉为氮源时偏细，略显瘦弱；而以尿素做氮源时，秀珍菇菌丝完全不萌发。最终得出秀珍菇菌丝生长的最适氮源为酵母粉和甘氨酸。Pani 等人对榆黄蘑的生物学特性表明榆黄蘑培养的最适宜氮源为蛋白胨、酵母膏和豆饼粉。

培养基中的氮源浓度对食用菌的营养生长和子实体的形成有很大影响。一般认为，在营养生长阶段，碳氮比要小些；而在生殖生长阶段，碳氮比要大些。在农副产品中，可供食用菌吸收利用的有机氮源有麸皮、花生麸、米糠、豆粕粉、豆饼、玉米粉以及禽畜粪便等，这些氮源在食用菌生产的栽培料中可单独或搭配使用，对于提高食用菌栽培产量具有明显的效果。因此，在秀珍菇和榆黄蘑的栽培生产过程中，通过在培养料中搭配添加适量的麸皮、花生麸、米糠、豆粕粉、豆饼、玉米粉等有机氮源，提高栽培原料的氮营养来源，可以明显增加秀珍菇和榆黄蘑的栽培产量。

3. 矿质元素 生物有机体（动、植物）生长发育所需要的矿质元素主要有磷、钾、钙、镁、硫等无机盐，常用的无机盐有磷酸二氢钾、磷酸氢二钾、硫酸钙、碳酸钙及硫酸镁等。一般来说，上述的大量矿质元素，在秸秆、废棉等培养料中都有一定的含量，基本能满足食用菌生长发育的需要，但有时也要根据不同培养料的配比，适当添加针对不同食用菌种类生长发育所需的矿质元素，以促进菌丝的生长以及子实体的发育。对于生物体所需的微量元素，通常在天然培养料和普通用水中都已含有足够的量，不必再额外添加。

4. 维生素类 这是食用菌生长发育不可缺少而需要量又很少的一类特殊有机物。维生素主要是在生物体内的新陈代谢中起重要作用。食用菌生长发育所需的维生素包括常见的维生素类群，如硫胺素（维生素 B_1）、生物素（维生素 B_7）和核黄素（维生素 B_2）等。在马铃薯、麦芽汁、酵母提取物和米糠等原料中维生素类物质含量较多。因此，用这些材料配制培养基时无须再添加。

（二）环境条件

1. 温度 根据不同真菌对环境温度的适应可大致分为 3 种类型：①可在 <10℃的温度条件下生长的真菌类型——嗜冷型真菌；②可在 10～40℃的温度条件下生长的真菌类型——适温型真菌；③可在 40～60℃的温度条件下正常生长的真菌类型——嗜热型真菌。温度对不同品种或类型的食用菌的生长具有很大的影响，这也是不同的食用菌品种或类型对环境适应的结果。

当前常见的栽培食用菌基本都属于适温型真菌。一般真菌最适温度范围为 20～30℃，此温度区域内食用菌的生长遵循温度越高，菌丝体生长及生理活动越快的定律。真菌对温度的适应，除了不同品种间有差异，甚至在同一品种的不同株系之间也有差异。因此在食用菌栽培学中，大部分食用菌常以 25～30℃作为一个分段（分界）线，同一品种不同菌株常会有高温型、中温型、低温型和中低温型等多个株系的命名差异。这一般是由于不同株系对生存环境的自然适应造成的，此外人们在食用菌育种过程中的定向选育、种间杂交及遗传重组等非自然育种手段也是造成这一现象的原因。

同属侧耳属类群的秀珍菇和榆黄蘑都属于适温型真菌，对外界温度的反应各自有一个最适温度范围，秀珍菇和榆黄蘑的生长代谢、菌丝体发育及结实只有在其最适温度范围内才能正常进行。此外，大多数食用菌在生长发育的不同阶段，对温度的要求也有一定的差异。

秀珍菇属变温结实性菇类，不同的生长阶段对温度的要求不一样。菌丝体生长阶段的温度范围为 7～30℃，最适温度为 22～25℃，也有试验表明，27℃时菌丝生长速度最快，但不如 25℃时浓密；而＞ 27℃时菌丝生长速度明显下降。在秀珍菇的发菌阶段，菌丝抗寒力很强，在＜ -30℃环境中菌丝仍不死亡，但当培养温度＞ 33℃时菌丝生长速度变缓慢直至停止生长，甚至死亡。一般来说，秀珍菇出菇阶段的温度比发菌阶段的温度偏低。有研究试验表明，当环境温度＜ 20℃时，秀珍菇菌丝长势变缓、生长缓慢。当环境温度为 15℃左右时，秀珍菇菌丝长势极弱，菌丝基本呈气生状，生长极缓慢；当环境温度＞ 25℃时，秀珍菇菌丝生长明显加快，且菌丝粗壮；当环境温度为 30℃时，秀珍菇菌丝生长则又开始受到抑制；当环境温度达到 35℃时，秀珍菇菌丝渐渐死亡。而在秀珍菇的子实体分化阶段，适宜的原基分化温度范围为 8～22℃，最适温度为 12～20℃。在秀珍菇人工栽培过程中给予一定的温差刺激会使子实体分化加快，出菇整齐，产量增加。若这一阶段栽培环境气温持续＞ 28℃时会难分化出原基，则需要采取相关措施给予 10～20℃的温差刺激；而气温＜ 10℃时则要进行适当的加温处理，以达到温差效果。一般给予温差 10℃处理即可，温差处理时间约 24 小时，2 天后可出现大量的原基。

温度也是影响榆黄蘑生长发育的主要生态因子之一，会影响榆黄蘑菌丝生长和子实体发育。榆黄蘑菌丝体生长发育的温度范围是 12～30℃，最适温度 23～27℃，＜ 12℃时生长缓慢，＞ 30℃时榆黄蘑菌丝体生长受到抑制，不但生长缓慢，而且菌丝瘦弱。榆黄蘑子实体生长发育的温度范围是 1～29℃，最适温度为 17～23℃，在此温度范围内随着温度的降低，子实体生长发育的速度变得缓慢，产量也有所降低，且子实体颜色变深，随着温度的升高，子实体生长发育的速度加快，若超过最适温度范围，子实体则会出现菇盖变薄、产量下降等情况。榆黄蘑子实体的分化不需要秀珍菇那样变温刺激，保持恒温便可出菇，一般在 14～28℃的范围内均可分化出原基形成菇蕾，尤以 17～25℃最为适宜。

2. 水分 食用菌在生长发育的各个阶段都需要水分，而在子实体发育时需要的量更大，因此只有了解食用菌各生长阶段对水分的需求才能正常满足其需要。培养料所含的水是栽培食用菌所需水分的最重要来源，只有培养基中含有足够的水分时，子实体才能正常地形成并发育成熟。生产实践证明，秀珍菇和榆黄蘑在栽培过程中对培养料的水分需求差别不大，一般培养料的含水量在 60%～65% 均能满足秀珍菇和榆黄蘑的正常生长需求。培养料中的水分会因蒸发或子实体吸收而减少，因此，必须经常喷水补充。尤其在秀珍菇和榆黄蘑的出菇阶段，应尽可能地保持培养基中的含水量水平，这是栽培食用菌出菇的重要条件也是关键环节之一，若缺水则应及时补充，否则会严重影响原基的形成导致无法出菇或因为缺水无法正常发育。

食用菌在生长发育过程中，对栽培环境中的空气相对湿度也有要求。秀珍菇菌丝生长要求培养料含水量为 60%～65%，发菌期间环境相对湿度以 65% 为好，出菇及生长时场地相对湿度以 85%～95% 为好。

榆黄蘑一般在菌丝生长阶段对空气相对湿度要求低些，以

65%～70%为宜。榆黄蘑在子实体分化发育阶段，对栽培环境的空气相对湿度要求较高，要求达到80%～95%为宜，而且随着子实体的进一步发育生长，栽培环境的空气相对湿度还要进一步加大。若空气相对湿度过低，如<60%，则会导致子实体发育停止，幼菇枯萎；对于成熟期的子实体则会导致其菌盖向下卷曲，严重者产量下降，菇体质量变差。但如果空气相对湿度长期过高，子实体也会发育不良，菇柄变长、菌盖变小、变脆且易碎，严重影响榆黄蘑的商品性。

因此，在秀珍菇和榆黄蘑的栽培过程中应注意栽培环境的空气相对湿度，尽量根据两种菇的不同需求加以控制。尽管子实体发育阶段要求较高的空气相对湿度，但也不能过高，以不超过95%为宜。栽培环境相对湿度过高时，会阻碍菇体的蒸腾作用，出现子实体发育不良症状，严重影响栽培的秀珍菇和榆黄蘑子实体的商品性。此外，高湿环境还非常容易引起杂菌的生长，同时栽培房空气相对湿度过高也容易造成子实体腐烂，并进一步加剧食用菌病害的发生。

3. 氧气和二氧化碳 氧气和二氧化碳也是影响食用菌生长发育的重要因素。秀珍菇和榆黄蘑均是好气性真菌，生长发育过程要求较充足的氧气，如果空气不流通，氧气不足，就会抑制秀珍菇和榆黄蘑菌丝的生长和子实体的发育。秀珍菇和榆黄蘑在子实体分化阶段，若出菇房的空气不流通致使CO_2浓度过大，则会对子实体产生毒害作用，使子实体发育畸形，甚至完全抑制原基分化和子实体的形成。

4. 光照 秀珍菇和榆黄蘑在菌丝体生长阶段均不需要光照，在发菌室完全黑暗条件下也可以正常生长，而且此时直接光照反而会抑制两种菇的菌丝生长。但在秀珍菇和榆黄蘑的出菇阶段以及子实体发育阶段则需要适量的散射光。秀珍菇在发菌阶段要尽量避免光照，出菇阶段需要一定的散射光来诱导出菇；子实体伸长期和成熟期则应适当降低光照强度，有利于控制菇体生长速度，提高秀珍菇的产品质量。关于榆黄蘑栽培，有研究表明，在光线很弱的室内栽培时，成熟子实体色泽淡黄，而在室外栽培时，则子实体色泽鲜黄，说明光能促进子实体内色素的合成。此外，光照还可影响子实体的光泽和颜色，当光线强时，草菇子实体的颜色深黑而发亮，当光照不足时则灰黑而暗淡，有时近乎灰白色。

5. 酸碱度　即 pH 值。基于秀珍菇和榆黄蘑的习性，秀珍菇菌丝喜好在略带酸性的培养基上生长，一般最适 pH 值 6～6.5。榆黄蘑相较秀珍菇更喜好酸性培养基，榆黄蘑菌丝在 pH 值 5～7 均可正常生长，但以 pH 值 5～6.5 最为适宜。在秀珍菇和榆黄蘑生产中，培养料一般保持 pH 值 7 左右即可较好满足菌丝生长和发育，随着培养料的灭菌或发酵，pH 值会略微下降。此外，为了使菌丝生长在比较稳定的 pH 值范围内，在配制培养基时，可添加适量的磷酸二氢钾和磷酸氢二钾等缓冲物质，也可添加适量的石膏粉（一般 1% 比例）作中和剂。

第二章
菌种生产技术

食用菌栽培生产有一系列复杂的操作环节，每个生产者在进行生产实践时都要考虑从最开始种菇的选择、母种选育与保存、菌种的制备以及栽培后期的出菇管理到最终产品的市场销售，每一个环节都要在全面考虑的同时把握各环节的操作细节。食用菌育种作为食用菌栽培生产中至关重要的一环，直接影响到后面栽培生产的成败。如果没有优良的菌种保障，后续工作无论做得多么充分、全面，盲目地投入生产也会造成无法避免的失败或损失。因此，每一个食用菌栽培从业人员都应该对这一环节引起足够的重视。

一、菌　种

（一）概　念

在食用菌育种生产中根据菌种的来源、繁殖代数及生产目的，分别称为母种、原种和栽培种 3 类，也叫一级种、二级种和三级种。

母种（一级种、试管种）：一般把从自然界中，经各种方法（如纯菌丝体或孢子在试管培养基中繁殖而成）选育得到的具有结实性的菌丝体纯培养物及继代培养物，可以繁殖原种，也适宜菌种保藏，主要以玻璃试管为培养容器和使用单位。

原种（二级种）：由母种（一级种或试管种）菌丝体在菇体培养基上转接、扩大培养而成的菌丝体纯培养物。常以玻璃菌种瓶或塑料菌种瓶或15厘米×28厘米聚丙烯塑料袋为容器，培养基是以天然材料为主，添加适量可溶性营养物质配制而成的固体培养基。这一过程可增强菌丝体对培养环境的适应性，同时起到扩繁的作用。原种也可以直接用于出菇。

栽培种（三级种）：由原种（二级种）转接、扩大培养而成的菌丝体纯培养物。常以玻璃瓶、塑料瓶或塑料袋为容器。栽培种一般只能用于栽培出菇，不可再次扩大繁殖菌种，其培养基与原种基本相同。

（二）菌种制作流程

与其他食用菌一样，无论母种、原种的栽培种，制种工艺都包括栽培原料加工与贮备，培养基的配制、分装、灭菌与消毒、接种、培养、检验、使用或销售等环节。其中，培养基的彻底灭菌是菌种制作的核心。而在母种（一级种）制备的过程中，对于通过组织分离或孢子分离获得的菌丝体，在接种培养后应筛选和提纯菌丝体以获得原始种，并对获得的原始种进行适当规模的出菇试验等，并视中试情况确定是否可用作母种进行后续的原种及栽培种的制作及生产；对于引进或购入的保藏试管种也应先经过培养、筛选，并进行菌种提纯或复壮，而对于从别的地区（气候、地理环境条件有差异的区域）引入的菌种在开展栽培生产前更应该进行适当规模的出菇试验以确保最终的引种栽培成功。常规栽培食用菌菌种的制作工艺流程如下（图2–1）。

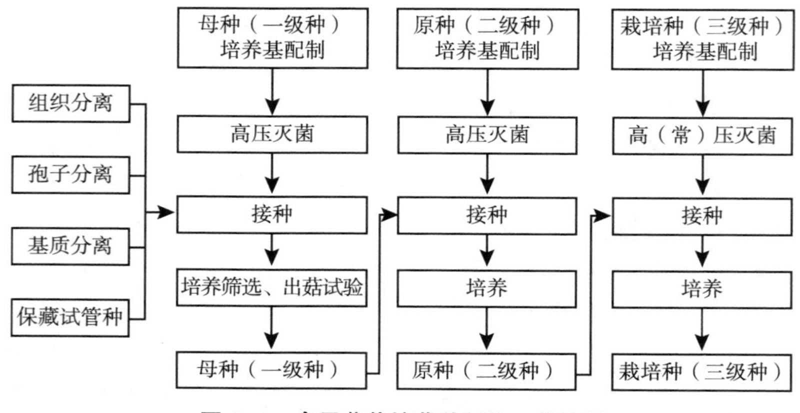

图 2-1　食用菌栽培菌种制作工艺流程

（三）菌种保藏

菌种保藏的最终目的是在特定的保藏条件下，使菌种活力、纯度和优良的生产性状得以稳定地保存下来，并在条件适宜时可以恢复用于生产。

1. 保藏原理　菌种保藏的原理是通过降低基质含水量、减少培养基营养成分或利用低温或降低氧分压的方法来制造低温、干燥、缺氧、饥饿、避光等条件抑制食用菌菌丝的呼吸和生长，使菌种的生理代谢降至最低水平，处于半休眠或休眠状态，以显著延缓菌种衰老的速度，降低菌种发生变异的机会，保证菌种的纯度、良好的遗传特性和生理状态。

2. 保藏方式　食用菌菌种的保藏方式总体分为 2 种：菌丝保藏法和孢子保藏法。孢子保藏法因操作相对复杂在实际生产中较少使用，主要见于一些专业的菌种保藏机构。菌丝保藏法在生产中最为常用，常见的有定期移植法、矿油封藏法、菌丝体液体保藏法、冷冻干燥保藏法、液氮超低温保藏法、木屑保藏菌种、厩肥保藏蘑菇菌种、木块保藏法、枝条保藏法、甘油低温保藏法、麦粒保藏法等。

在菌丝保藏法的众多方法中又以定期移植法最常见，操作最简单。定期移植法也叫继代保藏法，以斜面低温保藏法最常用。将保藏菌种接种于所要求的培养基上，在最适温度培养至成熟或产生孢子时，常温或置于4℃的冰箱（或冷库）中低温保存。在培养和保存的过程中，代谢产物的累积改变了原菌的生活条件，菌落群体中的个体会不断衰老和死亡，因此每5～15天或1～4个月应转管1次，具体间隔时间因不同菌种而异。定期移植法适用于所有的食用菌，其实际成本低、操作简便，也是国内外菌种保藏机构最常使用的方法。

由于秀珍菇和榆黄蘑的生产栽培具有连续性，故使用斜面低温保藏法保存生产菌种相对效益较高。但若长期保藏则最好将斜面低温保藏与其他保藏方法结合起来。保藏的菌种在第一次转接时，可以根据需求适当的多转接几支试管斜面，用矿物油保藏、冷冻干燥保藏或者液氮超低温（–196℃）保藏。母种保藏时，一般用牛皮纸或硫酸纸将试管母种棉花塞包好，放入清洁的木盒或其他收纳装置中，注明菌种的相关信息，如菌种名称、菌名、保藏温度、保存日期、经手人姓名等，再放在常温、黑暗、干爽环境或4℃低温冰箱中保藏。在保藏菌种时要注意，即使常温保存也要保持环境温度的稳定，不应出现大幅度的温度波动，同时应注意定期转管，一般每2～3个月要转管培养一次，防止试管斜面培养基失水干燥而影响菌种的活力，严重者会导致菌种失活。

3. 保藏菌种的复苏　低温保藏的菌种在再次使用时应适当进行菌种的复苏操作以保证菌种的活力。普通低温保藏的菌种在恢复培养时，可以从保藏的试管中挑取菌丝块直接接种到新鲜培养基上恢复培养，观察菌种恢复情况，适当情况下可以再次转接恢复培养，直到菌种完全恢复；对于超低温如液氮保藏的菌种在恢复培养时应逐渐升高菌种所处的环境温度，一般先将菌种连同保护剂置于38～40℃水浴中解冻复苏，再将解冻的菌种转接至适宜的新鲜培养基上恢复培养。

对于长时间保藏的菌种，再次投入生产应用之前必须进行出菇试验，以检验菌种的生产性状及活力。

（四）菌种退化与复壮

在食用菌栽培生产过程中，由于各种原因导致菌种遗传物质发生变异进而出现优良性状减退或消失、菌种质量下降、产量降低等的现象，就是我们常说的菌种退化。

1. 菌种退化

（1）原因及表现 菌种退化的原因有多方面，从外界环境到菌种自身条件均可造成菌种退化，如培养条件不适宜、交叉感染、自体杂交、基因突变等，病毒感染也会造成菌种在栽培中表现出产量下降、质量降低等退化现象。此外，转管次数过多、机械损伤等外界因素也会造成菌种退化。

菌种退化的主要表现是栽培生产菌种的优良性状丧失，出现菌丝长势弱、活力下降、对病虫害抵抗力降低、产量下降等现象。

（2）防控措施 一定程度上来说，菌种退化是每一个食用菌生产者都无法逃避的问题，只能采取多种措施防止生产菌种过早衰退。措施包括：①控制母种的转接次数，实践表明生产用菌种转接不超过 5 代较为适宜；②减少品种间混杂的机会，防止不同品种孢子的传播，保证生产菌种遗传特性的稳定；③采用适宜的菌种保藏方法，避免菌种保藏期间发生衰退；④适当改变培养基配方，增强菌种的适应能力；⑤防止病毒感染，及时淘汰可能感染病毒的菌株。

2. 菌种复壮 菌种复壮是相对于菌种退化来说的，从衰退的菌种群体中寻找到尚未衰退的个体，进行分离培养以恢复菌种优良性状。实际生产中，在菌种退化之前就应进行菌种复壮。

复壮方法：挑取部分健壮菌丝体的尖端进行分离纯化培养，使菌种恢复原有的优良种性；从栽培子实体中选取尚未表现衰退的个体进行组织分离获得菌种，进行该菌种的提纯复壮；对生产应用中的菌种定期选择具亲本典型性状的子实体进行菌种分类；单一的继代培养基也会导致菌种退化，故适当更换培养基配方也能在一定程度上达到刺激菌丝生长，提高菌种活力的效果。

不管采用何种手段或方法，复壮菌种必须经过出菇试验证明其生产性状达到了生产要求，才能投入实际栽培生产中。

（五）引　种

从国外或外地引进食用菌新种类或新品种，通过实地适应性栽培试验，最后在本地推广栽培的过程，即为引种。引种的成功与否直接关系到一个品种在本地的推广，但盲目的引种操作只会带来不必要的成本支出，还会对生产带来不良影响。尤其是近年来随着国内食用菌产业的迅猛发展，各地的食用菌研究所、食用菌菌种厂、食用菌生产企业如雨后春笋般纷纷出现，推出了各种各样的食用菌品种，质量却良莠不齐，这就要求我们在引种过程中要认真对待，注意一些基本原则并按照一定的方法步骤进行引种操作。

1. 引种规划　人工栽培的任何一种食用菌，在生产中都有表现出不同性状的各种品种。这些品种或多或少都会存在各种差异，如不同的环境条件要求、生产特性以及产品形式。因此，我们在规划引种前首先要基于本地需求有针对性地广泛搜集栽培品种的信息，咨询有栽培经验的同行，全面比较分析，客观了解相关品种的生产特性，最后基于引种地区的气候环境及生态条件或实地考察，预测适应本地区自然条件和栽培要求的品种类型，初步确定引种的品种、区域和单位（企业）。

可靠的引种单位的选择，是保证引种质量的关键。只有全方位了解菌种单位或企业的专业技术水平和菌种的实际应用情况，才能有效保证优良品种的引种成功。初步考察后，对选定的引种品种应进一步详细了解菌种的生物学特性、生产性状和栽培技术

要点，包括培养料配方、发菌期、出菇期、抗逆性、抗病虫能力、产量、子实体的商品性、栽培模式及管理技术要点等。

2. 品种性状的考察 最好的方式是试种，选择 2～3 种栽培品种同时进行小规模试种，以当地的优良品种作对照。初步考察待引进的品种对本地气候环境及生态条件的适应性，从中选择表现良好、符合引种要求的品种做进一步比较试验。

3. 品种比较试验和区域试验 对于经过初步品种性状考察筛选出的品种，应扩大栽培规模，进一步进行品比试验和区域试验，以确定最佳的生产品种和适宜的推广范围。

4. 本地栽培试验 只有经过进一步的栽培试验，才能明确待引入品种的生产特性，并形成配套的栽培措施。

5. 品种配套 实际生产中，还应根据市场和当地的气候特点，选择 1 个以上的品种进行配套栽培，增强对灾害性气候的抵御，提高经济效益。若只栽培 1 种食用菌，也应选择在区域、生产条件和季节方面有一定差异的多个品种栽培，提高抗异常气候风险的能力。

二、母　种

（一）场所与设备

母种制备室要求宽敞、明亮、干燥，有良好的通透性，用水、用电方便，并配备以下基本设备或器具。

1. 试管 常用作母种容器。生产栽培中使用的试管规格包括 18 毫米 × 180 毫米、18 毫米 × 200 毫米、20 毫米 × 200 毫米、25 毫米 × 200 毫米等。菌种保藏则常用规格为 15 毫米 × 150 毫米试管。

2. 试管培养基分装器具 由漏斗与橡胶管、接液管、铁架台等组装而成，或者带橡胶管的分装量杯，主要用于培养基的分装。

3. 电子天平　量程 0～1 000 克，精确到 0.1 克，用于精确称量母种培养基配方中的试剂原料。

4. 量筒或量杯　常用的有 500 毫升、1 000 毫升、2 000 毫升 3 种规格，主要用于培养基配制过程中溶液体积的确定。

5. 电磁炉或电炉、电饭锅等加热设备　主要用于煮沸培养基原料中的土豆，融化培养基配方中的琼脂及其他试剂原料等。

6. 高压灭菌锅　有手提式、立式（全自动或半自动）等灭菌锅类型，主要用于对配制分装好母种培养基的试管进行灭菌操作。

7. 消毒设备　包括臭氧发生器、紫外灯等，主要对接种室或者接种设备如接种箱、超净工作台等进行臭氧或紫外光照杀菌消毒，以保持接种室的无菌环境。

8. 接种设备　主要有超净工作台和人工接种箱两类，以及基于这两类设备发展出来的其他食用菌接种新设备，各有其优势。

9. 接种工具　酒精灯、接种勾、接种针、手术刀等，即接种过程中所用到的设备及工具等。

10. 常用试剂　葡萄糖、蛋白胨、琼脂粉（条）、磷酸二氢钾、硫酸镁、维生素等。

（二）母种制作流程

常规食用菌栽培母种的制作工艺流程如下（图 2-2）。

（三）母种培养基制作

1. 培养基配方　秀珍菇与榆黄蘑的母种培养基与食用菌栽培中常用的母种培养基配方通用。母种培养基一般采用马铃薯葡萄糖琼脂培养基（PDA），生产上也常用到其他的一些特殊培养基，如蔗糖酵母培养基、葡萄糖蛋白胨培养基，常用配方如下（表 2-1）。

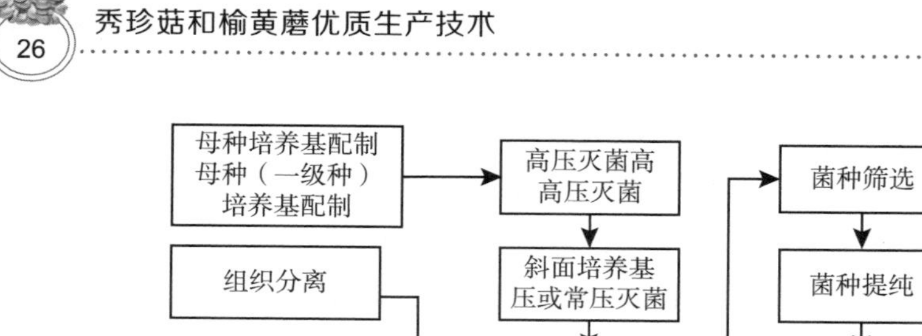

图 2–2 食用菌栽培母种制作工艺流程

表 2–1 常用食用菌母种培养基配方

名　称	培养基配方
PDA 培养基	马铃薯 200 克，葡萄糖 20 克，琼脂 18～20 克，水 1 升
PDA 综合培养基	马铃薯 200 克，葡萄糖 20 克，琼脂 18～20 克，磷酸二氢钾 3 克，硫酸镁 1.5 克，蛋白胨 2 克，维生素 B_1 15～30 毫克，水 1 升
马铃薯葡萄糖蛋白胨琼脂培养基	马铃薯 200 克，蛋白胨 10 克，葡萄糖 20 克，琼脂 18～20 克，水 1 升
蛋白胨葡萄糖琼脂培养基	蛋白胨 2 克，葡萄糖 20 克，琼脂 18～20 克，磷酸氢二钾 1 克，磷酸二氢钾 0.5 克，硫酸镁 0.5 克，维生素 B_1 15～30 毫克，水 1 升
麦芽（浸）膏琼脂培养基（MPG）	麦芽（浸）膏 20 克，蛋白胨 1 克，葡萄糖 20 克，琼脂 18～20 克，水 1 升
蔗糖酵母培养基	马铃薯 200 克，蔗糖 20 克，琼脂 18～20 克，磷酸二氢钾 3 克，硫酸镁 1.5 克，酵母膏 2 克，维生素 B_1 15～30 毫克，水 1 升
麸皮等浸汁液培养基	麸皮（或玉米粉）50 克，葡萄糖 20 克，琼脂 18～20 克，磷酸二氢钾 3 克，硫酸镁 1.5 克，水 1 升

注：①马铃薯均为去皮后的重量，煮沸后过滤取滤液；②麸皮或玉米粉使用时煮沸 20～30 分钟，或加热至 70℃、持续 1 小时，过滤取滤液。

2. 母种培养基的制作方法　不同培养基制作方法大同小异，以下以配制 1 升 PDA 培养基为例介绍制作过程，其他配方可按实际需要增减成分。

PDA 培养基的制作流程：

原料试剂的称量→水煮去皮马铃薯→过滤→加琼脂煮溶→加葡萄糖继续搅拌→分装→塞棉塞或胶塞→灭菌→摆斜面→检验备用

①将需要用到的原料试剂进行称量、备用，新鲜马铃薯 200 克，葡萄糖 20 克，琼脂 18～20 克，水 1 升。

②新鲜马铃薯在称量前应先去皮并挖去芽眼（因芽眼处含有龙葵碱，影响母种培养基的质量）等处理，称量后切薄片或粒状，加水以文火煮沸直至软而不烂（15～20 分钟，以筷子轻轻一插即可插入而薯块不散为准），煮沸的马铃薯液用八层纱布过滤，取滤液。

③将已经准备好的琼脂粉（或琼脂条）加入上述滤液中，继续加热至琼脂全部融化（此过程应注意防止锅底焦煳，故应注意边加热边搅拌），再用八层纱布过滤（如果溶液较清或无明显固形物也可不用再过滤），此时如果滤液已不足 1 升，可直接加水补足至 1 升，然后加入准备好的葡萄糖搅拌融化。

④母种培养基因为加入了琼脂，所以温度降到 45℃以下时会凝固，所以母种分装要在培养基凝固前完成。常用的试管规格一般为 20 毫米 × 200 毫米（也有 18 毫米 × 200 毫米的），而每只试管的培养基装入量一般为试管长度的 1/4 为宜，分装过程应尽量避免试管口内壁黏有培养基，如不小心黏有，用干净纱布擦干净，否则即使分装后灭菌，空气中的杂菌仍会有较大概率沿着管口壁的培养基残渣进入试管，导致整支试管污染报废。

⑤试管口用棉塞或硅胶塞封口，棉塞应塞上不松不紧，大小适宜，且所用棉花应干净无病变或无霉变等。

⑥配制好的母种培养基应及时进行灭菌处理，灭菌时 7 支试管为 1 扎，以报纸或白纸包裹试管口后用橡皮筋扎紧，竖直放置于高压灭菌锅里，灭菌条件为 121℃、0.15 兆帕，15～20 分钟，时间不能太长，以免消毒时间过长破坏培养料的营养成分，不利于菌丝生长。灭菌结束后待锅内蒸汽压力自然下降为零时即可打开锅盖。待培养基稍稍冷却后及时将其取出斜放于桌面上，做成斜面培养基，斜面上缘高度在试管长度的 2/5 处。在培养基未凝固前，不应盲目地移动试管，否则容易造成培养基斜面断裂或表面不平整。此外，摆斜面时应适当保温以延长培养基的冷却过程，以免急速降温导致试管内壁出现大量冷凝水，影响后续使用。

⑦制作好的母种试管斜面应检验其灭菌效果，查看是否有污染。随机抽取 2～3 支试管斜面放置于 25℃恒温箱中培养 3～5 天，若培养基表面没有发现杂菌以及乳白色细菌产生，则表示灭菌彻底，可供扩接母种使用，若发现有杂菌则必须舍弃。

（四）菌种获得

食用菌栽培菌种的获得主要有 4 种途径：①利用组织分离培养的方法从新鲜子实体中分离菌种；②收集成熟子实体弹射的担孢子进行培养，从中挑取萌发后的菌丝作为菌种；③从食用菌生长基质中分离菌丝培养菌种；④从国内外正规菌种保藏机构、研究单位及食用菌（菌种）生产企业购买保存的试管种进行扩繁。

秀珍菇和榆黄蘑的分离、接种与培养是获得纯菌种的必要手段，是一项比较细致又十分重要的工作。无论使用哪种途径获得菌种，都必须严格按照无菌操作规程进行操作。

1. 组织分离 切取子实体、菌核或菌索的一小块组织进行纯培养获取菌丝，即为组织分离法，是菌种分离最常用的方法之一。根据分离材料的不同，组织分离法又可分为子实体组织分离法、菌核组织分离法和菌索组织分离法。组织分离法所获得的纯菌种遗传性状稳定、变异小，而子实体组织分离法是栽培食用菌育种工作中最有效和最常用的方法之一。

（1）**种菇的选择**　进行子实体组织分离时对种菇子实体的选择尤为重要：一要注意在盛菇期进行种菇挑选，这样获取综合性状优良的种菇子实体的概率更高；二要在最能体现亲本优良性状的出菇季节挑选种菇进行分离。总之，种菇的子实体必须商品性状好，应选择菇形健壮、菌肉肥厚、大小适中、颜色正常、尚未散孢、长至七八分成熟、特征典型、无病虫害的优质菇作种菇。秀珍菇应选择菌盖直径 3 厘米左右或稍小，颜色灰白或灰褐色，表面光滑，菌肉厚，菌柄长度和粗细适中的个体作为组织分离的种菇；榆黄蘑子实体多，主要是丛生或簇生，应选择菌盖喇叭状，直径 5 厘米或略小，颜色金黄，菌肉厚，菌柄长度和粗细适中的个体作为组织分离的种菇。

（2）**组织分离部位的选择**　有关侧耳属平菇子实体不同部位分离母种的试验表明，相对于平菇其他部位，菌盖边缘的菌肉组织（郝建等，1999）（图 2–3）和菌褶（未产孢）组织（王桂芹等 2002）分离所得菌种的菌丝长势最好，生长速度最快，抗逆能力也最强，菌种综合性状最优。无论是菌褶上部的菌盖组织还是菌褶（未产孢），从菌丝长势和长速上均优于菌柄与菌盖交界处的菌肉组织，而又以产生孢子前的菌褶分离出来的菌种菌丝长势最好、长速最快。对于与平菇同属侧耳属的秀珍菇和榆黄蘑来说，该研究结果同样具有直接参考意义。

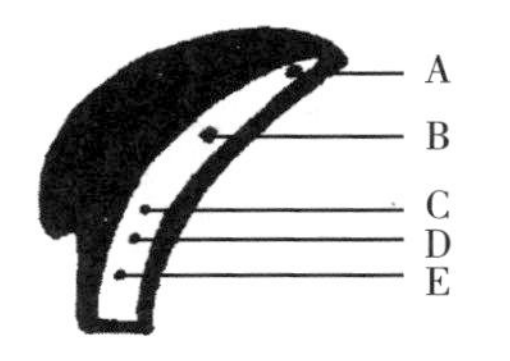

A —菌盖边缘的菌肉组织
B —菌盖中部的菌肉组织
C —菌盖基部的菌肉组织
D —菌盖与菌柄交界处的组织
E —菌柄中部的组织

图 2–3　平菇子实体组织分离取样（引自郝建等，1999）

（3）种菇的消毒及组织分离接种 对选好的秀珍菇或榆黄蘑种菇子实体进行适当的组织分离前处理，如用无菌纸擦干净，使其表面干爽，无明显其他杂质，再放入已灭菌的超净工作台或接种箱中。接种前进一步对种菇灭菌消毒——用0.1%升汞溶液或75%酒精浸泡（1～2分钟）或擦拭种菇，再用无菌水冲洗2～3次，吸干菇体表面的水分。组织分离所用到的各种刀具、接种针、试管培养基等均需要经过灭菌消毒的前处理，所用解剖刀必须锋利，保证组织分离时可以迅速完成组织块切割操作，避免对组织反复切割、用力撕拉等。组织分离用的解剖刀、接种针等在使用前均严格进行火焰灭菌并待其冷却后方可使用。切块接种时将待分离的种菇沿菌柄中心纵向掰成两半，用灼烧并冷却的解剖刀在菌盖边缘或菌盖和菌柄交接处（有时候菌盖边缘菌肉太薄，实际操作不好获得组织块时也只能取交接处组织）切割“田”字形，并迅速用灭菌冷却的接种针取豆粒大小（大小为0.3平方厘米）的块状菌肉组织，接入事先准备好的PDA试管斜面培养基上，然后进行菌种培养。新分离出来的菌株还需要3～4次转管纯化，观察菌丝的生长、气生菌丝量、分支是否正常等，最后进行出菇试验。

2. 孢子分离 孢子分离法是利用食用菌的有性孢子或无性孢子萌发成菌丝，获得菌种的方法。如双孢蘑菇、草菇等采用单孢子分离即可获得具有结实能力的纯菌种，而秀珍菇和榆黄蘑孢子分离得到的菌丝通常不能结实，主要用于杂交育种，所以秀珍菇和榆黄蘑的孢子分离只在育种上采用，生产上很少用。

3. 基物分离 从生长食用菌的基质，如菇木、耳木、粪草、菌包等生长基质中分离菌种的方法，称为基物分离法。这种方法常用于生长周期长，一时找不到目标子实体，或者在野外进行菌种资源收集，因生长季节、天气状况不适宜或子实体凋亡时，为了获得所需菌种所采取的方法。秀珍菇和榆黄蘑在生产上很少采用基物分离法。

4. 购买菌种　目前，我国正规菌种保藏机构有中国农业微生物菌种保藏管理中心（ACCC）、广东省微生物菌种保藏中心（GIMCC）、华中农业大学菌种实验中心、三明市三真生物科技有限公司、上海市农业科学院食用菌研究所、四川金地菌类有限责任公司、云南农业大学食用菌研究所、福建农林大学生命科学学院、江苏省微生物研究所菌种中心等。

（五）菌种提纯

菌种提纯是对从孢子分离、组织分离、基质分离获得的菌丝体进行纯度的鉴别。如秀珍菇进行菌种提纯时，将初步获得的菌种接种在 PDA 培养基中进行再次培养，温度控制在 22～25℃，培养 1～2 天，长出白色茸毛状菌丝体，4～5 天通过筛选，挑出菌落形态完整、外缘整齐、菌丝洁白、清晰、生长整齐、健壮的试管母种继续培养，最终获得的秀珍菇纯菌丝体在培养基中表现为白色、纤细茸毛状，气生菌丝发达（图 2–4）；榆黄蘑菌丝体白色、浓密，气生菌丝发达。同时将有杂菌、长势纤弱，菌丝生长速度不一、菌落边缘参差不齐，或出现黏液状物质等其他形态的菌株淘汰。对于非纯培养的菌种必须再提纯，即取菌丝生长整齐、单纯的菌落，以作为繁殖扩大之用。最后还要做出菇试验，只有经出菇试验鉴定，子实体生长良好的菌种才能用作生产用种。

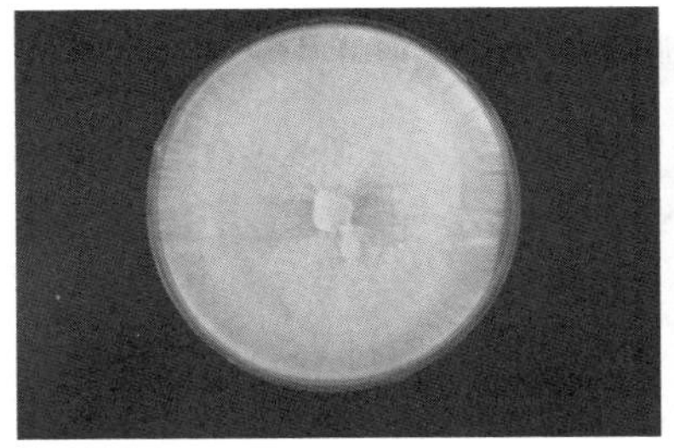
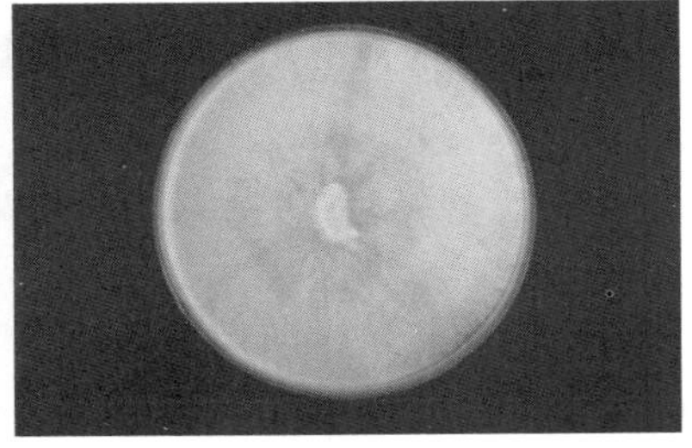

图 2–4　秀珍菇菌丝平板培养（肖自添　摄）

（六）母种扩繁

经过出菇试验鉴定合格后确定的母种，在菌丝长满试管斜面后，移植到新的斜面培养基上扩大繁殖培养，简称扩繁。扩繁同样要严格遵循无菌操作规程，全程在无菌条件下操作。菌种室、超净工作台（接种箱）需要严格灭菌消毒，但在消毒过程中切忌将种源（即扩繁用的试管母种）提前放入接种室或超净工作台（接种箱），以免种源在消毒药剂、紫外灯照射下发生变异或种性退化等情况。扩繁的试管母种应选择生长旺盛、菌龄短、菌丝尚未出现色素分泌物的试管用于转管操作；而对于菌龄较长的试管母种在具体操作时会出现接种块不宜勾取转管或接种后菌种活力不足难以恢复等情况。在转接种过程中除基本的操作人员的手部要严格消毒灭菌之外，接种动作也要迅速干净，斜面试管口始终要用酒精灯焰封口（即处于酒精灯外焰上方5～10厘米范围），塞瓶口的棉塞或胶塞也要过火焰消毒，以免感染杂菌。具体分移接种操作时，可使用接种针或接种勾把接种块（菌丝体连同培养基0.3平方厘米）一起移接到新的试管斜面培养基上，每支试管可转接20～30支，分转后的试管放在恒温培养箱中，25℃左右避光培养，待培养菌丝长满试管后，可用同样方法再次转接扩大，一般以扩大2～3次为宜。对于购买的试管母种，其扩繁转接次数不宜过多，一般建议转接1～2次，转代次数过多会引起菌种变异，降低菌种活力。此外，母种转接入新试管或平板后应在新试管或平板上贴上标签，标明日期和菌种名称等信息。

三、原种、栽培种

食用菌栽培中所用到的原种、栽培种的制作方法与母种（一般主要为试管种）的制作方法完全不同，由于原种和栽培种是直接用作栽培出菇接种甚至直接用于出菇生产，因此使用的培养基原材料等应尽量与后续具体栽培出菇生产所用的原材料相近。在实际生产过程中，固体原种和栽培种的制作规模、操作场地、操作（机器）设施等的要求也与母种制作的情况截然不同。

（一）场所与设备

原种和栽培种的制作场所要求生态环境良好，周边无污染性厂矿企业，远离畜禽养殖场及垃圾场，无废水污染，地势高燥，通风良好，排水畅通，交通便利。应设有各自隔离的摊晒场、原材料仓库、配料场、装料场、灭菌室、冷却室、接种室、培养室、储存室、菌种检验室等。

1. 摊晒场　用于曝晒培养基制作材料的场所，具有杀虫灭菌和便于按配方称取的作用。摊晒场要求水泥地面，地面平整，光照充足，空旷宽阔，远离火源。场内配备锄头、铲子、料耙、手推车、箩筐、扫帚等基本用具和足够的塑料薄膜（用于突然下雨时应急之用）。

2. 原材料仓库　用于储存、放置原材料，要求防雨防潮、防虫、防鼠、防杂菌污染。

3. 配料场　原种和栽培种培养料的配制专用场地，要求水泥地面，地形平坦，水电方便，空间充足，光线明亮，若安排在室外，则应设天棚防雨防晒。场内同时配备磅秤、称量器、拌料机、浸泡池等设备和设施，以及锄头、铲子、扫把、箩筐等基础用具用于配料时的拌料等操作。

4. 装料场　实际操作中，装料场和配料场往往合二为一，在配料完的基础上直接进行装料操作，因此在配料的基础上要尽量强调地面平整、光滑，以免装料时蹭破菌袋或菌包。有条件的还应配置自动装袋机、装瓶机等机械设备，此外还应备有塑料筐、推车等常规搬运工具用于装料后的菌袋或菌包的搬运。

5. 灭菌室　基本要求包括水电安装合理，保证安全操作，灭菌过程中的排气通畅，进出料方便，操作空间开阔、散热性能强。室内配置相应的灭菌设备、排气扇等。对于生产规模较小的个体种植户或小企业的灭菌设备，可在合适的场地添置与生产规模相适应的高压灭菌锅或常压灭菌锅；而对于大规模生产秀珍菇和榆黄蘑菌种或栽培种的食用菌生产企业则需要建立专门的灭菌室，并配备相应的灭菌设备。

6. 冷却室 用于灭菌后的培养基或菌袋（包）冷却。高压灭菌完成后，冷却过程中培养基或菌袋（包）等产生负压，吸入外界的空气，为了避免带杂菌的空气透过菌袋（包）口引起杂菌污染，冷却室最好是一个无菌室。故冷却室要求洁净、防尘、易散热、内设推拉门，外设缓冲间。一般情况下应待灭菌的培养料自然冷却，但为了提高效率，缩短冷却时间，也可配备相应的降温和排气设备，以及空气净化设备。

7. 接种室 按照无菌室的标准建设，要求防尘性能良好，内壁和屋顶光滑，易于清洗和消毒，换气方便，空气洁净。无菌室外一般配有缓冲间。缓冲间较小，主要用于放置工作服、拖鞋、帽子、口罩、消毒用品等。无菌室使用前尽量将空气净化。无菌室（包括缓冲间）除照明外还应安装紫外杀菌灯，配置臭氧发生器等消毒设备。菌种室内配置超净台、接种箱、烧杯、接种工具、酒精灯等。小规模的食用菌栽培场所的接种室可以与冷却室合二为一。

8. 培养室 内壁和屋顶应光滑，以便清洗消毒，墙壁厚度适当，利于控温、控湿，便于通风，并有防蚊虫、鼠蚁等措施。

9. 储存室 墙壁厚度适当，干爽、通风，备有相应降温、抽湿等保藏设备等。

10. 菌种检验室 水电方便，便于装备相应的检验仪器和设备。

（二）固体菌种制作流程

常规食用菌栽培原种、栽培种的制作工艺流程如下（图2–5）。

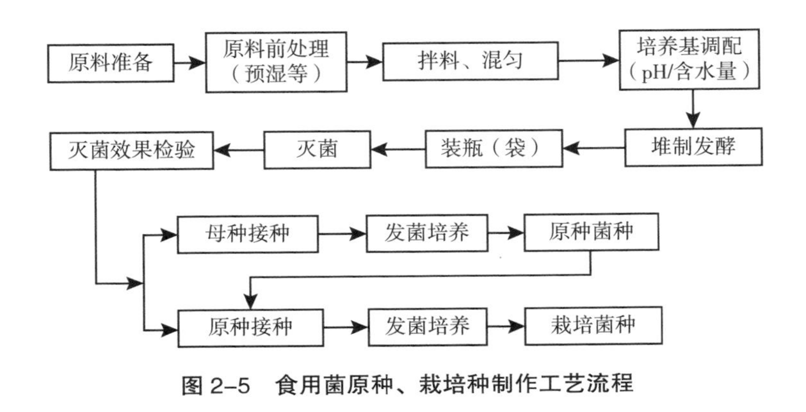

图 2-5　食用菌原种、栽培种制作工艺流程

（三）培养料的选择

1. 栽培原料的来源　原则上只要富含碳源、氮源的纤维素、蛋白质和矿物质，而不含菌种生长有害物质、危害人体健康的重金属和农药残留物等的材料都可以，包括各种林木材料、农作物秸秆、农产品加工副产物、果树枝丫材料等，甚至一些灌木或草本植物也可以作为食用菌栽培原料的来源。

（1）林木材料　除茯苓和绣球菌栽培时需要松木或其木屑之外，一般人工栽培食用菌中都选用不含芳香油类物质的阔叶树材料作为原料。树木砍伐后，直接截断至 1 米左右的木段直接用于食用菌的栽培，即段木栽培。将林木枝丫等材料用机械粉碎成木屑替代段木进行食用菌栽培，即代料栽培。此外，在木材加工产业中产生的大量锯木屑也可以作为食用菌的栽培原料。

（2）作物秸秆　这是人工栽培食用菌原材料的另一个主要来源。每年各种作物会产生巨量的秸秆废料，其中仅谷类作物就有稻草、麦秆、大麦秆、玉米秆和高粱秆等，此外豆秸、花生秸、棉秆、棉籽壳、甘蔗渣等农业废弃物都可以用于食用菌栽培。

（3）农产品加工副产物　主要是各种农产品加工后产生的大量副产物，如农村常见的麸皮、米糠、玉米粉、玉米芯、菜籽饼、黄豆粉、酒糟等。这些农副产物主要作为氮源被添加到食用菌的培养料中。此外，可可、咖啡、花生、棉籽、油棕榈、向日葵等加工后的废弃物也可部分或完全替代木屑、作物秸秆等栽培食用菌，国内还有研究利用中药渣这类废弃物用于草菇栽培获得成功的案例。

（4）畜禽粪便 牛、猪、鸡、鸭等禽类粪便中含丰富的有机质及氮、磷、钾等矿物质。因此，在一些食用菌培养料中加入适量的畜禽粪肥，不仅可以增加培养料的含氮量还能平衡培养料的营养成分。

对于灌木或草本植物如水葫芦、芦苇等也都已经成功应用于食用菌栽培。食用菌栽培原料的选择或创新应符合食用菌栽培基质安全技术要求（NY5099）的行业标准规定。

2. 栽培原料的预处理 栽培原料的预处理包括将体积较大的原材料粉碎成大小适宜的颗粒，以及晾晒、堆置发酵、预湿等。

（1）林木材料 对于体积较大的树木，通常要先截成木段再晾晒；对于枝干或枝杈等细材，则应先晒干再粉碎成适宜的颗粒或木屑，一般直径 0.5～1 厘米。果树修剪下来的枝杈等也应先晒干再粉碎。对于柑橘等枝条中含单宁等抑菌物质的果树枝条，使用前需要露天堆放半年以上。木材加工产生的细木屑，直径通常小于 0.2 厘米，其保水性好，因此多用做食用菌栽培料中的填充物。木屑应先充分晾晒干燥后再置于干燥处储藏备用，而在使用前应将木屑用干净的清水浇透，预湿 1～2 天，再将水沥干备用。

（2）作物秸秆 农作物秸秆的预处理主要是彻底曝晒，使用前先预湿处理。对于不同的食用菌种类及栽培模式，对秸秆粉碎程度和颗粒大小的要求也不相同。对于含有大量表皮纤维的棉秆粉碎物——棉秆粉，使用前最好在沸水中煮 3～4 小时，以达到预湿和软化的目的。对于其他经过曝晒的作物秸秆或草本植物粉碎颗粒，可直接浸泡数小时完成预湿处理。

（3）农产品加工副产物 农产品加工副产物的颗粒比较细，

因此不必再次粉碎，只需彻底晒干，去除多余的水分即可储存备用。对于体积较大的玉米芯，则需要将其粉碎成直径不超过 5 厘米的颗粒，使用前用水浸泡预湿。麸皮、米糠、玉米粉等则可以直接在配料的过程中按配方比例添加。

（4）畜禽粪便 畜禽粪便预处理的主要目的是除去氨气，晒干后加入适当比例的熟石灰混匀，堆制发酵，直至无臭味即可。

3. 栽培主料和辅料 适合食用菌栽培的原料种类繁多，通常根据不同的营养成分分为主料和辅料。

（1）主料的选择 主料主要是提供碳素养分，常见的可用作主料的有棉籽壳、废棉、阔叶树木屑、稻草、玉米芯、玉米秆、桑枝、豆秸、高粱秸秆、花生秸、甘蔗渣等农作物秸秆、皮壳等，所有主料原料都必须是新鲜、干燥、无虫、无霉、无污染、无油污，无铅、镉、汞等重金属离子超标的原材料。桉、樟、苦楝等含有害物质的树种不适合作栽培原料，自然堆沤 12 个月以上的针叶树种的木屑可按一定比例加入培养料。

（2）辅料的选择 辅料主要是提供氮素养分、增加培养料的营养配比、改善基质的化学和物理性状等，常用做辅料的主要有麸皮、米糠、花生麸、玉米粉、大豆粉、禽畜粪等，一般要求材料新鲜、干燥、无虫、无霉、无污染、无油污等。此外，培养料调配时还常常加入磷酸二氢钾、磷酸氢二钾、石灰、石膏、碳酸钙及其他一些生长调节剂，但禁止加入影响食用菌产品质量安全的杀虫剂、杀菌剂及化学添加剂。在食用菌栽培生产中尤其应注意避免化学药剂的使用。

（四）固体培养基制作

尽管食用菌栽培的原料种类很多，但都需要经过一定的预处理，而培养料配方中适宜的碳氮比（C/N）是保证菌种对培养料利用的关键。

培养料的碳氮比主要是指培养料中碳元素含量与氮元素含量

的比例（表2–2），不同食用菌品种、不同的生长阶段对培养料的碳氮比要求也不一样。在营养生长阶段，碳氮比值一般以20∶1为好，不同品种会有一定的差异。秀珍菇和榆黄蘑培养料配方中的碳氮比要求可参考平菇。

表2–2 常见食用菌培养料碳氮比

培养料种类	碳（C）含量/%	氮（N）含量/%	碳氮比（C/N）
杂木屑	49.18	0.10	491.80
栎木屑	50.40	1.10	45.80
棉籽壳	50.00	1.50	33.33
栎落叶	49.00	2.00	24.50
稻草	45.39	0.63	72.05
稻壳	41.64	0.64	65.06
米糠	49.70	11.80	4.20
麦麸（麸皮）	69.90	11.40	6.10
大麦秆	47.09	0.64	73.58
小麦秆	47.03	0.48	97.98
玉米芯	63.40	3.19	19.90
玉米秆	43.30	1.67	25.93
花生饼	49.04	6.32	7.76
大豆饼	47.46	7.00	6.78
菜籽饼	45.20	4.60	9.80
甘蔗渣	53.10	0.63	84.20
干牛粪	39.75	1.27	31.30
马粪	11.60	0.55	21.09
猪粪	25.00	0.56	44.64
羊粪	16.24	0.65	24.98
鸡粪	30.0	3.0	10.0
废棉（纺织屑）	59.00	2.32	25.43

注：由于原料的实际差异性较大，表中数据仅供参考。

（1）**配制原则**　培养料配制应遵循实用性、经济性以及减少浪费等原则。颗粒较大的原料应混合一些颗粒较小的原料，如玉米芯与细木屑，或稻草粉、麦秸粉等混合配比，以保证培养料有适宜的物理性状并减少单一原料用量；对于含氮较丰富的原料也应适当搭配氮含量较低的原料，如棉籽壳与稻草粉混合，以保证栽培过程中食用菌对营养元素的利用，不至于浪费太多原料；而保水性能好的原料适当配比保水性差的原料，如棉籽壳与细木屑或稻草粉、甘蔗渣等混合，可达到对各种农业废弃物原材料的充分利用。因此，在食用菌栽培料的配制设计中，2～3种主料组合的培养料配方，加上适量的辅料，不仅能达到营养均衡，满足食用菌的生长需求，而且在培养料的物理性状上，如透气性、保水性等方面也能互补，进而达到提高栽培产量，同时降低栽培生产成本的作用。工厂化栽培还要求培养料颗粒大小适宜、均匀。颗粒太粗，装袋（瓶）后料内空隙大，则保水性能差；颗粒过细，装料过于紧实，则通气性差。两种情况都会影响菌种的发菌速度和质量。

（2）**常用食用菌原种、栽培种培养料配方**

①配方1　木屑培养基（适于制作木腐菌菌种）：木屑78%、麸皮或米糠20%、石膏1%、蔗糖1%。

②配方2　谷粒培养基（适于除银耳外的木腐菌种或粪草型菌种）：谷粒（小麦粒或其他谷粒）98%、石膏1%、碳酸钙1%。

③配方3　稻草培养基（适于制作草菇及侧耳属菇类菌种）：干稻草78%、麸皮或米糠20%、蔗糖1%、碳酸钙1%。

④配方4　棉籽壳培养基（适于制作猴头菇、香菇、金针菇、侧耳属菇类菌种）：棉籽壳98%、石膏1%、蔗糖1%。

⑤配方5　棉籽壳木屑培养基（适于侧耳属菇类、金针菇、草菇及银耳制种）：棉籽壳50%、木屑40%、麸皮或米糠8%、石膏1%、蔗糖1%。

⑥配方6　甘蔗渣培养基（适用于多种食用菌）：甘蔗渣

（干）78%、麸皮或米糠 20%、过磷酸钙 1%、石膏 1%（该培养基中可用干的玉米芯粉碎后代替甘蔗渣，同样可用于多种食用菌栽培）。

调配时，玉米芯、棉籽壳以及木屑等主料应用水充分浸泡，或置于 1%～2% 的石灰水中浸泡 24 小时，然后捞出沥水至原料不滴水方可使用。而栽培配方中石灰的用量应根据石灰的质量好坏适当增减，质量好的石灰用量可适当减少，质量差的石灰用量可适当增加。在培养料中加入适量的石灰对侧耳类、金针菇、木耳等有益无害，配制培养料时加入干料 1%～5% 的石灰粉可以不影响甚至促进菌丝生长，且能抑制杂菌的生长。

按培养料的处理方式不同可分为熟料栽培、发酵料栽培和生料栽培 3 种方式：①熟料栽培是将所有的栽培原料搅拌调配均匀、装袋灭菌后接种菌种进行培养出菇；②发酵料栽培是将培养料调配均匀后制堆发酵，在发酵结束后再加石灰，石灰加入的量为 2%～3% 或根据栽培环境温度而定；③生料栽培是把除石灰和石膏之外的所有原料混匀后加水搅拌均匀，堆闷 2～4 小时，然后再加入石灰和石膏搅拌均匀，完成这一步后立即装袋接种，生料栽培一般要加大石灰用量至 3%～8%。各培养原料按配方比例调配混匀后，应保证最终含水量在 60% 左右、pH 值 7 左右。

（3）培养料调配的注意事项 不同的材料都需要一定的预处理，如木屑需预先用 2～3 目的筛子过筛，剔除粉碎不彻底的小木片及有棱角的硬物，以防装袋时刺破筒袋或菌包，减少污染概率。稻草、玉米芯等农作物秸秆则要粉碎处理。

各种主料、辅料分别准备好后，按选定的配方比例称取主料、辅料和清水进行配料操作。棉籽壳、木屑、稻草、玉米芯等主料进行预湿，即加水翻拌后用薄膜覆盖堆沤 24～48 小时，使主料充分吸水；然后加入辅料并充分拌匀，糖加水溶化后加入；可人工拌料，也可搅拌机拌料，但无论何种拌料，都必须将培养料充分拌匀，最终配好的培养料以含水量60%左右、pH值8为宜，培养料调配好后应尽快装袋进行灭菌操作，以防调配好的培养料放置时间过长而导致酸败。

（4）培养基的制作 固体培养基制作工艺流程：

原料准备→培养基调配（pH值、C/N比、含水量等）→堆制发酵→装袋（瓶）→灭菌→冷却→灭菌效果检验→固体培养基成品（备用）

①原料准备 选用无虫、无螨、无霉变的新鲜棉籽壳、稻草、甘蔗渣等原材料，所有原材料使用前应在太阳下充分曝晒以杀灭害虫杂菌等，并参照前面所述的方法针对不同的原材料进行原料的预处理，再按栽培配方所需称取各组分。

②培养基调配、堆制发酵 棉籽壳、玉米芯等栽培主料需加3%～5%的石灰混合，再用水预湿浸泡，使其充分湿透，堆制进行初步发酵，发酵时间4～7天不等，中间需要进行翻堆操作2～3次（以堆心温度达到70℃左右时翻堆为宜，此步骤应时刻关注堆心温度，避免温度过高或过低导致主料发酵不完全，影响后续使用）。主料堆制发酵完成后再添加辅料（麸皮等含氮量丰富的辅料最好在使用前添加，以避免过早加入导致料堆酸败）进行配料混匀，用人工或机械拌料充分打碎并搅拌混匀，含水量控制在60%（以手用力抓握培养料而指缝无水渗出，但松手后手掌有湿润感觉即可），备用。

以稻草和甘蔗渣为栽培原料的前处理方式相较棉籽壳稍有差异：在预先浸泡、滤除多余水分后即可均匀加入其他辅料进行堆制发酵，发酵后的操作流程与棉籽壳配方类似。培养料含水量计算方法如下（表2-3）。

表 2-3　培养料含水量（%）（每 100 千克干料）

加水（升）	料水比（料：水）	含水量	加水（升）	料水比（料：水）	含水量
75	1 : 0.75	50.3	130	1 : 1.3	62.2
80	1 : 0.8	51.7	135	1 : 1.35	63
85	1 : 0.85	53	140	1 : 1.4	63.8
90	1 : 0.9	54.2	145	1 : 1.45	64.5
95	1 : 0.95	55.4	150	1 : 1.5	65.2
100	1 : 1	56.5	155	1 : 1.55	65.9
105	1 : 1.05	57.6	160	1 : 1.6	66.5
110	1 : 1.1	58.6	165	1 : 1.65	67.2
115	1 : 1.15	59.5	170	1 : 1.7	67.8
120	1 : 1.2	60.5	175	1 : 1.75	65.4
125	1 : 1.25	61.3	180	1 : 1.8	68.9

注：①风干培养料含结合水以 13% 计；②含水量计算公式：含水量 %＝（加水重量＋培养料结合水）/（培养料干重＋加入的水重量）× 100%。

③袋（瓶）　原种培养基容器多使用罐头瓶或专用菌种瓶，前者封口多采用两层报纸和一层聚丙烯塑料膜，后者则主要采用能满足滤菌和透气要求的无棉塑料盖封口。栽培种培养基容器也可使用原种所用的容器，但由于栽培种数量较原种大，生产上普遍采用塑料袋作为容器，常用的菌种袋为规格 32～40 厘米×15～17 厘米的高压聚丙烯塑料袋或常压聚乙烯塑料袋。菌种袋有一端（较短）或两端（较长）开口之分，前者一般装干料 200～300 克，后者则可装 500 克左右。有时候为便于生产中的统一管理，原种生产也会采用与栽培种一样的菌袋（包）。

将调配好的培养料装入菌种袋（瓶）内，装料时应注意使培养料松紧适宜，全袋上下松紧一致，装料的高度以齐袋（瓶）肩为宜（可机械装或人工装）。以塑料袋为菌袋在装料后的袋口外需套上一塑料颈套，袋口由颈套内穿出，外翻于塑料颈套外，再用专用的带过滤网或棉的盖子盖住封口或塞上棉花塞。对于以菌种瓶进行装料操作的，应在完成装料后，对装料后的菌瓶口、瓶颈内外以及瓶身外表面擦拭清理干净，塞上棉塞进行封口。为避免灭菌时棉塞吸水，应用牛皮纸或报纸把棉塞包住。

④菌　装好的料袋（瓶）要及时进行灭菌处理，一般当天装料当天灭菌，以免培养料发霉变质。灭菌又可分为高压灭菌和常压灭菌，前者操作相对简单，灭菌效率高，但是设备投入较大。

原种和栽培种最好选择高压灭菌，但是高压灭菌设备一般较贵，尤其在栽培种制作规模较大时设备投入成本会急剧增加。高压灭菌操作步骤如下：

对灭菌锅炉加水→装袋好的菌袋（瓶）进行装锅→装锅完成后进行加热升温→第一次排冷气（压力达 0.05 兆帕）→第二次排冷气（压力再次达 0.05 兆帕）→保温保压（0.15 兆帕，121℃，保持 2 小时）→灭菌完成后自然冷却减压→排尽锅内冷空气→菌袋（瓶）出锅

高压灭菌的条件一般为 121℃、0.15 兆帕、持续 2 小时。高压灭菌尤其要注意排尽锅内的冷空气，避免出现锅内压力达到了灭菌要求，但锅内温度没有达到要求而造成的灭菌假象，致使灭菌不彻底。排出冷空气是指在灭菌开始时，随着加热，锅内的蒸汽不断产生，压力逐渐上升，当灭菌锅上的压力表显示压力达到 0.05 兆帕时，打开排气阀进行第一次冷空气排放，直至压力表的数值归零时关上排气阀，继续加热升压；当灭菌锅上的压力表显示压力值再次达到 0.05 兆帕时，再次打开排气阀排冷空气，压力表数值归零时关闭排气阀；如此反复排气 2～3 次即可达到排空冷空气的目的。但并非排冷空气的操作越多越好，排冷空气的同时要注意灭菌锅内的水量，防止水烧干后出现意外情况。灭菌锅内的灭菌物品量较大时可增加 1 次排气操作。待灭菌锅内冷空气排完后，压力上升到 0.15 兆帕、温度达到 121℃时开始计算灭菌时间，保温保压 2 小时，灭菌完成后停止加热。须等待锅体自

然冷却降压，切不可强行打开排气阀减压，否则会导致锅内刚完成灭菌的菌袋（瓶）出现破袋、破瓶、脱塞或胀袋等现象。待锅内压力降为零时打开排气阀，将锅内蒸汽彻底排尽方可打开灭菌锅门，把灭菌菌袋（瓶）及时转移到干净无菌的冷却室冷却。若灭菌锅不连续使用，则应及时将锅内的水排干净，并适当清理及保养，以防锅内壁生锈。蒸汽的温度随着蒸汽压力的提高而提高，蒸汽压力与蒸汽温度的关系如下（表 2–4）。

表 2–4　蒸汽压力与温度关系对照表

温度（℃）	蒸汽压力（指压）	
	千帕	千克 / 平方厘米
100	0	0
105.7	20.69	0.211
107.3	27.56	0.281
109.3	41.38	0.422
115.6	86.94	0.703
121.3	103.46	1.055
127.2	137.88	1.406
128.1	151.71	1.547
129.3	165.44	1.687
131.5	166.32	1.696
133.1	178.48	1.82
134.6	206.82	2.109

常压灭菌操作步骤如下：

对灭菌锅炉加水→装袋好的菌袋（瓶）进行装锅→装锅完成后进行加热升温→待灭菌温度达到灭菌要求时持续保持灭菌

温度一定时间→灭菌完成后停止加热待其自然冷却→菌袋（瓶）出锅

一般常压灭菌的温度只能到达100℃，而耐高温的芽孢杆菌等只能通过延长灭菌时间来杀灭，因此常压灭菌时间一般持续时间在8～10小时。因为灭菌时间长容易出现锅中水烧干的情况，所以常压灭菌锅一定要备够充足的水，锅中热水不足时应向锅中补加热水。装好锅后开始加热，应注意从开始加热到温度达到100℃的时间越快越好，加温过程不宜超过2小时，因为长时间达不到灭菌温度时，持续的高温、高湿环境会增加锅内杂菌自繁的风险。当灭菌锅内温度达到100℃时开始计时，同时应特别注意控制火势，维持100℃恒定灭菌温度，持续8～10小时，期间温度不可回落。灭菌操作者要坚守岗位，不能懈怠，温度回落会造成灭菌不彻底，影响后续的接种生产。因此，想要节省燃料又要达到理想的灭菌效果，建造一个气密性良好的灭菌锅炉就显得十分必要。

⑤冷却　冷却室使用前要进行彻底的清洁和除尘处理，然后转入从灭菌锅炉取出的待接种原种瓶（袋）或栽培种瓶（袋），待其自然冷却到适宜温度，备用。对于有条件的可适当利用降温设备加快降温，量少的也可直接放于接种室待其自然冷却，待其完全冷却后再进行下一步操作。

⑥菌效果检验　每一批次的原种和栽培种培养基灭菌完成后都需要对当次培养基灭菌效果进行检验，一般采用抽检法，即每次随机抽取1%作为样品进行接种检验，挑取基质接种于预先准备好的PDA培养基中，于28℃培养环境中恒温培养48小时后检查，若无微生物出现即灭菌合格，该批次培养基方可用于下一步操作或备用。

（五）固体菌种生产

1. 接种准备 接种前将灭菌好的原种（栽培种）培养基、试管母种（原种）、接种工具等全部搬入接种室或接种箱内进行消毒，如专用熏蒸剂熏蒸、紫外灯照射、臭氧发生器灭菌等。先用75%酒精或新洁尔灭溶液对超净工作台表面进行擦拭消毒，之后吹风预净20分钟。

2. 菌种接种

（1）原种接种 接种原种时一手持母种试管，另一手持接种勾（或针、铲），拔下母种试管的胶塞或棉花塞，先用接种勾将试管斜面菌种分割成3～4块，再将分割的菌种块转移至打开封口的原种培养基中，接种完成再塞上棉塞或盖子进行封口，全程严格遵循无菌操作要求。通常1支试管母种可以接4～6瓶（袋）原种。试管母种的菌龄要适中，一般以菌丝将要长满试管至长满管不超过15天的时段进行扩大接种，同时应注意所使用的试管母种菌丝形态正常、无杂菌等其他异常情况。

（2）栽培种接种 原种接栽培种时，通常情况下将原种靠近瓶口（袋口）约3厘米范围内的表层原种剔除，以降低接种时杂菌污染的风险，将揭去表层原种的下层菌种块移接到打开封盖的栽培种培养料表面，接种完成后封口，全程严格遵循无菌操作要求。通常1瓶（袋）原种可接栽培种20袋（包）或扩接原种50瓶左右。若每袋（包）栽培种接种的原种菌块量太少，则会影响菌种的定植、发菌时间，影响菌种吃料，延长栽培种菌袋（包）培养时间，增大杂菌污染的风险；但也不是说每袋栽培种的原种接种量越大越好，否则也会造成菌种、培养料等的浪费。

菌种瓶（袋）接种完成后应立即贴上标签，标明接种日期及菌种名称（原种、栽培种）等信息。每次接种完成后，及时对接种室、接种箱或者超净工作台进行清理和清洁，排出废气，清除接种废弃物，台面等用75%酒精或新洁尔灭溶液擦拭消毒。

3. 接种后培养　接种完成后，将带标签的菌种瓶（袋）按照原种或栽培种培养的要求分别转入无光或弱光的专门培养室内避光培养发菌（图 2–6），秀珍菇和榆黄蘑菌包的原种与栽培种的培养条件基本保持一致，因此可以不必严谨区分培养室，基本保持其最适生长温度 25℃左右即可，空气相对湿度 60%～65%，室内保持清洁、不阴湿，定时通风（图 2–7）。

图 2–6　菌丝培养（肖自添　摄）

图 2–7　培养观察（肖自添　摄）

一般接种后 3～5 天菌丝即定植完成并恢复生长，5～7 天菌丝长入培养料内。接种后每隔 3 天检查 1 次，直至菌丝完全布满料面，原种应继续培养 3～5 天使菌种充分积累营养。在发菌培养期间应每隔 1 周检查 1 次培养室的污染情况，如发现杂菌污染的菌瓶（袋）应立即淘汰或处理，直至整个菌瓶（袋）培养完成（图 2–8、图 2–9）。经检查合格的菌种可以用于栽培生产或菌种销售。制备好的原种或栽培种菌种一般均应尽快使用，若暂时不用，可在凉爽、干燥、通风、避光、清洁的室内短期存放，

图 2–8　秀珍菇菌包（何焕清　摄）

图 2–9　秀珍菇出菇（肖自添　摄）

存放温度应保持在 12～16℃，以确保菌种的质量。

四、液体菌种

“液体菌种”是以液体培养基通过液体发酵培养获得的纯培养菌丝体，菌丝体在液体培养基中往往呈絮状或球状。相对传统固体制种，液体菌种生产具有菌种生长周期短、菌龄整齐、繁殖快，便于机械化接种和适宜工厂化生产等优点；但也存在设备投资大、技术要求高，菌种易老化、易自溶和不便于运输和保藏等缺点。由于以上这些特点，液体菌种需就地生产并及时投入使用。

（一）常用仪器设备

磁力搅拌器、摇床（有往复式和旋转式两种）、发酵罐、三角瓶、超净工作台、紫外灯等。

往复式摇床与旋转式摇床在使用中各有利弊：前者往复频率一般在 80～140 转 / 分钟，冲程一般为 5～14 厘米，在频率过快、冲程过大或摇瓶内液体培养基过多的情况下极容易因震荡把培养基溅到瓶口棉塞或纱布上造成污染，尤其在启动时极易发生类似情况，且往复式摇晃在发酵培养过程中也容易对菌丝造成较大损伤，不利于菌丝发酵培养，但其成本相对要低。旋转式摇床偏心距一般在 3～6 厘米，频率在 60～300 转 / 分钟，而在摇晃培养的过程中一般不会出现液体培养基溅到瓶口棉塞或纱布上的情况，且其氧气传递效率高、功耗低，故尽管旋转式摇床成本较高，一般还是建议使用旋转式摇床进行小规模的液体菌种发酵。

发酵罐是大规模生产液体菌种进行深层发酵的主要设备，其操作技术要求较高、成本投入较大。食用菌液体菌种发酵罐生产一般有两种消毒方式：一种是对未加水和投料的空罐及管道进行消毒即空消，一种是对投料后的发酵罐进行高压灭菌蒸汽消毒即实消。同时，在发酵过程中还需要通过空气压缩机、空气净化系

统等设备向罐内通入洁净的空气及维持罐内的正压发酵环境。此外，为了提高发酵罐内的通气效率，使发酵罐内各区域的菌种生长条件均匀一致，发酵罐中还设有搅拌器，在发酵过程中保持适当地搅拌速度有助于增强液体培养基的溶氧量，促进菌丝增殖；但若搅拌速度过快，也会造成菌丝体机械性破坏，反而不利于菌丝培养。发酵罐内的温度调控主要通过控制发酵罐夹层中循环水的温度来调节，包括培养基灭菌后的降温及发酵过程中的温度调控。

液体菌种的生产多采用二级或三级发酵，一般按接种量 10% 计算发酵罐的大小或进行投料。

（二）液体菌种生产流程

常规食用菌栽培液体菌种的制作工艺流程如下（图 2–10）。

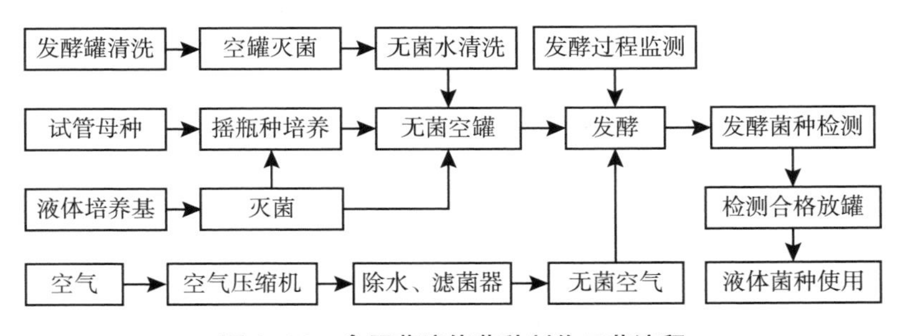

图 2–10　食用菌液体菌种制作工艺流程

（三）液体菌种生产常用配方

液体菌种生产中其试管母种的制作与前文相同。二级种的摇瓶和发酵罐培养基基本一致，但是由于发酵罐体积较大，一次耗用原料的量也多，生产时应适当核算相关成本。生产上常用相对廉价的原料，如红糖、蔗糖等代替葡萄糖，且发酵罐需要添加适量的消泡剂。摇瓶培养基和发酵罐培养基配方很多，生产上应根据实际试验探寻最佳配方。栽培食用菌中部分常用的液体菌种摇瓶培养基配方和发酵罐培养基配如下（表 2–5 和表 2–6）。

表 2–5　栽培食用菌液体菌种常用摇瓶培养基

名　称	培养基配方
马铃薯浸汁培养基	马铃薯 200 克，葡萄糖 20 克，水 1000 毫升
马铃薯浸汁综合培养基	马铃薯 200 克，葡萄糖 20 克，磷酸二氢钾 3 克，硫酸镁 1.5 克，蛋白胨 2 克，维生素 B_1 10 毫克，水 1000 毫升
麸皮或玉米粉浸汁综合培养基	麸皮（或玉米粉）50 克，葡萄糖 20 克，磷酸二氢钾 3 克，硫酸镁 1.5 克，水 1000 毫升
豆粕粉浸汁综合培养基	豆粕粉 50 克，葡萄糖 20 克，磷酸二氢钾 1 克，硫酸镁 0.5 克，蛋白胨 5 克，酵母膏 2 克，水 1000 毫升

注：①马铃薯均为去皮后的重量，煮沸后过滤取滤液；②麸皮、玉米粉或豆粕粉在使用时煮沸 20～30 分钟，或加热至 70℃，保持 1 小时，过滤取滤液。

表 2–6　栽培食用菌液体菌种常用发酵罐培养基

名　称	培养基配方
马铃薯浸汁综合培养基	马铃薯 200 克，葡萄糖 20 克，磷酸二氢钾 3 克，硫酸镁 1.5 克，蛋白胨 2 克，维生素 B_1 10 毫克，水 1000 毫升，pH 值 8，消泡剂（1～3 毫升）
马铃薯豆粕粉浸汁综合培养基	马铃薯 200 克，豆粕粉 5 克，葡萄糖 20 克，磷酸二氢钾 1 克，硫酸镁 0.5 克，蛋白胨 5 克，酵母膏 2 克，水 1000 毫升，pH 值 8，消泡剂（1～3 毫升）
马铃薯黄豆粉浸汁综合培养基	马铃薯 200 克，黄豆粉 15 克，蔗糖 20 克，麸皮 10 克，磷酸二氢钾 2 克，硫酸镁 1 克，水 1000 毫升，维生素 B_1 10 毫克，pH 值 7～8，消泡剂（1～3 毫升）
豆粕粉浸汁综合培养基	豆粕粉 50 克，葡萄糖 20 克，磷酸二氢钾 1 克，硫酸镁 0.5 克，蛋白胨 5 克，酵母膏 2 克，水 1000 毫升

注：①马铃薯均为去皮后的重量，煮沸后过滤取滤液；②麸皮、玉米粉或豆粕粉在使用时煮沸 20～30 分钟，或加热至 70℃，保持 1 小时，过滤取滤液。

（四）液体培养基的制作方法

液体菌种培养基有多种，以下以配制1 000毫升马铃薯摇瓶培养基为例介绍制作过程，其他配方可按实际需要增减成分。

①新鲜马铃薯去皮，挖去芽眼（芽眼处含龙葵碱，有毒），称取200克，切薄片或粒状（1厘米×1厘米），加水煮沸直至软而不烂（15～20分钟），8层纱布过滤，取滤液备用。

②加入葡萄糖搅拌溶化，如果此时滤液不足1 000毫升，可直接用水补足并调节pH值至适宜范围。

③培养基要趁热分装于三角瓶或倒入发酵罐里，一级摇瓶种一般用250毫升、500毫升三角瓶，二级摇瓶种可用1 000毫升、2 000毫升等三角瓶，一般装液量以摇瓶体积的1/4左右为宜，注意培养基三角瓶口内壁不能黏有培养基，如不小心黏有培养基，应及时用干净的纱布擦拭干净，否则会增加空气中杂菌沿管壁进入摇瓶内部导致污染的风险。

④装好液体培养基的三角瓶中加入10～15粒磁力珠或玻璃珠，用棉塞或封口膜封口，棉塞应不松不紧，大小适宜，所用棉花要干净无病变、无霉变，塞好后应用报纸或牛皮纸进行包扎，避免棉塞灭菌过程中潮湿。

⑤配制好的液体培养基要及时灭菌，灭菌时间不能太长，121℃、0.15兆帕、15～20分钟即可，以免灭菌时间过长破坏培养料的营养成分，不利于菌丝生长。灭菌结束后让蒸汽自然下降、压力降为零时打开锅盖。待培养基冷却后，进行下一步操作。

⑥灭菌效果检验，挑取2～3瓶培养基置于25℃恒温箱中培养3～5天，若培养基表面没有发现杂菌以及乳白色细菌产生，则表示灭菌彻底，可供使用。

（五）液体菌种接种和培养

1. 液体菌种接种　严格按照无菌操作规程进行接种。①一

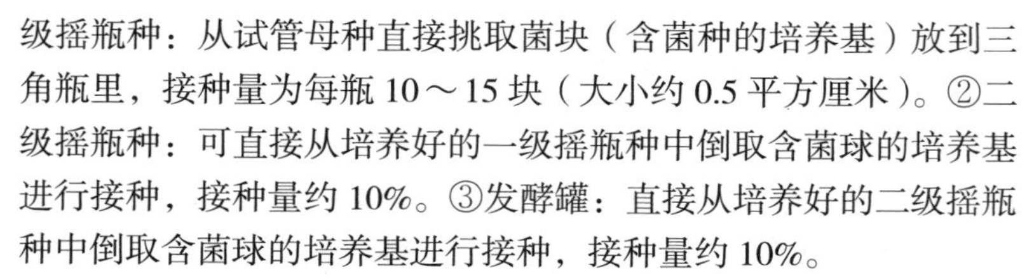

级摇瓶种：从试管母种直接挑取菌块（含菌种的培养基）放到三角瓶里，接种量为每瓶 10～15 块（大小约 0.5 平方厘米）。②二级摇瓶种：可直接从培养好的一级摇瓶种中倒取含菌球的培养基进行接种，接种量约 10%。③发酵罐：直接从培养好的二级摇瓶种中倒取含菌球的培养基进行接种，接种量约 10%。

2. 液体菌种培养 影响摇瓶菌种生产的因素多种多样，如培养温度、摇床振荡频率、摇瓶装料系数、pH 值、接种的菌龄、接种量、液体培养基黏度和光照等。接种后一般应于适温下静止培养 2～3 天，待气生菌丝长入培养液中时再转至摇床上进行培养。

一级、二级摇瓶种在进行摇床或搅拌器培养时，摇床转速或搅拌速度以 150～250 转 / 分钟为宜。发酵罐可根据说明书进行培养。对于培养温度，秀珍菇和榆黄蘑以 25 ± 1℃为宜，培养时间 5～7 天，视菌球大小和密度而定。发酵罐培养期间应注意观察并记录罐内温度、压力及气流量等，根据不同的食用菌种类设置相应的参数。此外，在进行大规模发酵之前，必须进行小型发酵试验确定最适通气量及搅拌速度，以获得最大效益。

（六）液体菌种检查

为了提高液体菌种的制种成功率和菌种质量，在液体菌种的发酵过程中可随时进行无菌采样检查，一般需要感官检查、显微镜观察等，并对菌丝生长量、活力、菌丝球大小等检查以确定发酵状态是否正常。

经过摇床或发酵罐培养的液体菌种其菌丝体可呈现出球状、絮状等多种形态。培养液可呈黏稠状、清液状等，并伴有清香味或其他异味。因菌液中有菌株发酵产生的次生代谢产物，因此不同菌种或呈不同颜色。在实验室中进行摇瓶培养可摸索菌株液体发酵的适宜生长条件及生理生化变化等。工厂化生产时，先进行摇瓶培养作为接入种子罐的菌种。摇瓶培养的菌丝体也可作为液体菌种接入固体培养料中。对液体菌种进行检验主要采用感官检查和取样测验相结合的方法。

1. 感官检查　可采用“看、旋、嗅”的步骤进行检查。

（1）看　将样品静置桌上观察。一看菌液颜色和透明度，正常发酵菌液呈黄色或黄褐色，清澈透明，菌丝颜色因菌种而异，老化后颜色变深；染杂菌的菌液则混浊不透明。二看菌丝形态和大小，正常的菌丝大小一致，呈球状、片状、絮状或棒状，菌丝粗壮，线条分明；而染杂菌后，菌丝纤细，轮廓不清。三看上清液与沉淀的比例，菌丝体占比例越大越好，较好的液体菌种，在瓶中所占比例可达80%左右。四看有无酵母线，如果在培养液与空气交界处的瓶壁上有灰色条状附着物，说明已被酵母菌污染，也称为酵母线。

（2）旋　手提样品瓶轻轻旋转一下，观其菌丝体的特点。菌液的黏稠度高，说明菌种性能好；稀薄则表明菌球少，不宜使用。菌丝的悬浮力好，放置5分钟不沉淀，表明菌种生长力强；反之，如果菌丝极易沉淀，说明菌丝已老化或死亡。再次观其菌丝状态，大小不一，毛刺明显，表明供氧不足；如果菌球缩小且光滑，或菌丝纤细并有自溶现象，说明污染了杂菌。

（3）嗅　旋转样品后，打开瓶盖嗅气味。优质液体菌种均具有芳香气味，而染杂菌的培养液则散发出酸、霉、臭等异味。

2. 取样测验　取液体菌种进行称重检查和黏度检查、生长力测定和出菇试验、化学检查（包括测pH值、糖含量和氧含量等）、显微检查（包括细胞分裂状态观察、普通染色和特殊染色）等。

五、菌种生产注意事项

（一）母种污染与防控

母种在培养或保存过程中会出现菌种污染的现象，主要是杂菌感染，包括真菌或细菌污染。原因包括原始母种携带的杂菌、

接种过程污染、棉塞潮湿导致的杂菌污染等。原始种携带杂菌污染通常是因为菌种培养过程中对杂菌的检查不严格。此外，菌种的菌龄过长，培养环境或场所暗、密闭不透风导致温湿度过大，也会造成菌种污染。尤其棉塞作菌种试管塞时，应注意防控这种情况。

棉花是一种隔热性能极好的植物纤维，因此作为试管棉塞时也难以对其消毒彻底，而棉塞的植物纤维成分也使其成为各种霉菌等杂菌的良好培养基。在棉塞试管种培养或保存初期，棉塞是干燥状态，故杂菌孢子等不能萌发，但随着菌种培养或保存过程中因菌丝体的呼吸作用散发出的水汽被棉塞吸收，棉塞中裹挟的杂菌孢子会萌发生长，随着时间的延长杂菌菌丝也会穿透棉塞进入试管内部直接导致菌种污染、报废；如果此时不及时检查剔除污染的棉塞试管，杂菌菌丝体还会继续在棉塞中生长进而产生孢子掉落到菌种表面或散发到环境中污染整个菌种保存区域。这种情况在培养室密闭黑暗，不透风且环境湿度大的情况下极易发生。所以在培养菌种时，培养室要做到每隔 1～2 天通风 1 次，室内地面要高于室外地面 50 厘米以上，室内相对湿度不应超过 65%（但也不应过分干燥，空气太过干燥也会导致培养基表面失水，进而造成菌丝生长不良）。此外，每隔 2～3 天应检查 1 次培养的菌种，有杂菌污染的应及时剔除；培养料或培养基灭菌时，试管上面要用牛皮纸包住，防止锅盖上的水蒸气淋到棉塞上；接种环境要清洁。灭菌到接种的间隔时间不要太长，以降低杂菌的感染程度。

（二）固体菌种污染与防控

在食用菌各级固体菌种的生产过程中，菌种也会经常受绿色木霉、黄霉、曲霉、毛霉、细菌、酵母菌等杂菌的污染，发生污染的主要原因有原料污染、灭菌不彻底、菌瓶（袋）破损污染、棉塞污染、接种污染、母种或原种携带杂菌、培养污染、运输污

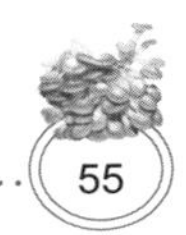

染等。

（1）**原料污染** 主要是因为拌料不均匀，有的培养料未充分预湿，导致其附带的杂菌难以杀死。预防措施：将培养料进行充分预湿，棉籽壳等原材料可用石灰水充分浸泡后再堆制发酵1天以上。

（2）**灭菌不彻底** 常压灭菌时间不足或温度不够，高压灭菌时未彻底排尽锅内空气造成假压或压力表失灵；装锅时菌种袋在锅内叠放不合理，如堆垛过紧导致高压蒸气不能均匀扩散，产生灭菌死角，即会产生大量杂菌污染。预防措施：严格按灭菌操作规程进行灭菌，并确保灭菌锅正常工作。

（3）**破损污染** 在装袋、灭菌、接种、运输过程中，由于不小心造成机械破损，使菌种袋破裂或有沙眼的，均会被杂菌侵入，造成污染。预防措施：选择质量好的菌袋（包）；在生产操作过程中动作应尽量轻，避免菌袋破损；灭菌时排气不要过快，发现破损的菌袋（包）应及时剔除处理。

（4）**棉塞污染** 试管口有培养基或瓶（袋）口未做好清洁工作，有培养基残留致使棉塞与培养基相接触，灭菌时棉塞受潮等均会明显增加菌种污染的风险。预防措施：分装母种培养基时，尽量避免将培养基黏到试管口壁上，若不慎黏上也应及时做好清洁，清理掉试管口壁上的培养基残留；包扎试管及灭菌后摆试管斜面时，不要将试管过度倾斜，以免培养基黏到棉塞或试管塞上；装原种、栽培种的培养基时，瓶（袋）口要及时清理干净培养基残留；灭菌后及时揭开锅盖，整炉袋料完全冷却后再打开灭菌锅炉盖也会导致棉塞受潮，极易引起杂菌污染。

（5）**接种污染** 接种箱密闭性不好导致消毒不彻底，超净工作台机械故障或未提前开机预消毒，接种工具及操作人员手部未进行彻底消毒，接种过程未严格按照无菌规程操作等均会增加菌种污染的风险。预防措施：接种前确保接种箱、接种工具等彻底消毒，并严格按无菌操作规程接种。同时，搞好接种室及周围环

境卫生。

（6）母种或原种携带杂菌 母种带杂菌的，生产的原种肯定有杂菌污染。原种带杂菌的，生产的栽培种也肯定带杂菌。防治措施：严把母种、原种质量关，接种前认真检查，发现有杂菌污染的绝对不能使用。

（7）培养污染 环境潮湿、棉塞过松、周围环境卫生差、虫鼠危害均会引起菌种污染。确保培养环境清洁干燥、定期检查是减少培养污染的最有效途径。同时，在培养过程中要经常通风换气，尽量避免搬动，减少破损。此外，在鼠类活动猖獗的地方，菌种生产会受到鼠类的侵害，主要是咬烂菌种袋或拨开棉塞造成杂菌污染。

（三）液体菌种污染与防控

在生产液体菌种时，要时刻注意防止杂菌污染。鉴于发酵罐的整体性及密封性，罐中一旦发生污染，很难根治，极易导致整罐发酵菌种污染报废，损失重大。所以在液体菌种发酵过程中，对于杂菌污染主要以预防控制为主，整个制种过程都必须在无菌条件下进行。接种箱及所有接种的用具、器皿都要进行严格的消毒灭菌。接种人员的双手要严格地按照无菌操作要求进行清洗消毒，并穿戴消过毒的工作服、帽和口罩，接种操作时动作要敏捷、准确，接种过程中尽量不要说话走动，以尽可能降低杂菌污染。

此外，液体菌种发酵过程中要注意：发酵罐在一轮发酵使用后应彻底清洗，包括各连接部位也应彻底拆洗，若有零部件损坏则应及时更换；液体培养基的灭菌应彻底，其灭菌时间也要根据发酵罐的容积大小进行相应增减调整；发酵时尤其要注意发酵罐供气系统工作的连续性，防止因停电导致供气中断，最好配置备用电源；供气系统的过滤器要定期检查、更换；发酵罐的通气管道要安装单向阀门，避免因空气回流导致污染。

菌种被污染的原因是多方面的，但往往是由于没有严格遵守无菌操作的要求，如培养基灭菌不彻底、接种操作不严谨、瓶盖不合适等造成的污染。所以灭菌一定要彻底，同时最好在接种前将灭菌的培养基置于25℃左右恒温箱中检验灭菌效果，培养2天后若培养基无杂菌长出，说明灭菌彻底，方可使用。接种过程一定要严格按照无菌操作的要求进行。

污染杂菌的另一个原因可能是菌种表面带菌，消毒不彻底，通过菌块将杂菌带入了培养基。制种设备如发酵罐、三角瓶等清洗或灭菌不彻底也会带来杂菌等。

总之，菌种制作中造成污染的机会很多，不仅要注意环境消毒，还要严格按照无菌操作规程进行相关操作，层层把关，环环抓紧，提高菌种质量。

第三章

栽培技术

一、栽培设施

食用菌栽培过程中使用的各类建筑设施统称为菇房或菇棚，往往包括各类新（改）建菇房、简易菇棚或可进行周年生产的工厂化菇房。食用菌栽培生产用的各类菇棚、菇房等选址一般要求生态环境良好，周边无污染性厂矿企业，远离畜禽养殖场和垃圾场，无废水污染，生产用水源符合饮用水的卫生标准，通风良好，地势平坦，排灌方便，交通较便利的地方。

（一）菇　棚

食用菌栽培用的菇棚不仅搭建简单、取材广泛、成本低廉，还具有通风、保湿、保温性能，而且调节昼夜温差只需要通过掀盖覆盖物即可达到效果。用于夏季高温季节栽培的菇棚则需在棚顶隔热外安装喷雾带，以便夏天喷水降温。菇棚投资小、操作简便易行，是一种十分适合以农户为生产单位的分散栽培生产模式。

小型简易菇棚一般为弓形拱棚，以竹片搭成，两端用竹竿或木棒固定，覆盖物为塑料薄膜或遮阳网，气温太低时为了保温也可以加盖草席，棚四周用土压实。这类菇棚一般宽 1～2 米，长度视生产者的场地大小而定，高 0.5～0.7 米，棚内地面整理成宽约1米的畦，延畦周围挖宽和深各0.1米左右的排水沟。菇棚之间距离0.5～0.6米，以方便操作生产为宜，中间挖一条浅沟用于排水、浇灌和生产操作道。最后整个菇棚栽培场四周要挖一条深约0.5米的排水沟，以便彻底排尽栽培场内的积水，保持菇棚畦面的干爽。

大型菇棚除了用毛竹或木料等主要材料搭建，还可以采用钢架、水泥架或者塑料管架等材料搭建，四周和棚顶覆盖草帘或帆布等遮阳物，覆盖物也可以分层，根据需求可以使用薄膜、绒毡、保温材料、反光膜和遮阳网等。一般单个大型菇棚的占地面积、高度等视生产者的场地、生产操作需求等进行相关设计。如一个大棚使用面积为550平方米，其落地面积约150平方米，即长20米、宽6～8米、高度在4米左右，其内的出菇床架尺寸、数量、分层数、层间距、作业走道、透气纱窗等都要在大棚搭建之前设计好相关参数。此外，在大棚搭建的过程中，还应考虑喷水设施的接入，对水管的布局也应预留空间，方便栽培过程中对出菇阶段的菌包进行补水等操作。

（二）菇　房

作为食用菌室内栽培的主要场所，常规栽培菇房一般多采用砖墙结构，也有一些食用菌产区对于室内层架式栽培、袋式栽培等采用泡沫板房、改造废弃的旧房等作为菇房进行室内栽培出菇（图3–1至图3–4）。其中泡沫板菇房由于泡沫板的使用年限短、抗风雨冰雹等自然灾害不如砖瓦房，现在已逐渐被淘汰。大棚由于保温效果有限，一般只能在当季使用，对食用菌周年栽培生产有天然的局限性。菇房类型没有固定格式，各地可根据现有建筑、场地等条件，充分利用，满足食用菌栽培生产的基本需求即可。对于菇房的建设，注意事项主要有以下几点：①砖墙结构的菇房一般内部墙面需进行粉刷，墙壁和屋顶尽量厚实和光洁，尽可能降低外界环境的变化对菇房内温度、湿度等条件的影响。②预留通风窗或通风口，除此之外应尽量保证菇房内部地面、墙面及屋顶不留缝隙，地面应尽可能进行水泥硬化或铺以平整的地砖，以利于菇房的清洁卫生和消毒等。③菇房通风窗面积不宜过大，以便菇房温度、湿度的控制，尽量考虑南北朝向，以避免太阳直射菇房。④菇房的通风窗应装有尼龙纱网或其他纱网，以防止害虫的进入。⑤菇房应添置风扇、抽风机，条件允许时还应配备喷水设备等，门窗应对着菇房的走道，避免外来气流直接面对出菇菇床或出菇层架。

对于工厂化栽培菇房，无论其前期建设的巨大投入、复杂的技术条件还是后期栽培生产的复杂操作，都对食用菌生产者或企业的资金、人力和物力等提出了更多、更高的要求。工厂化栽培菇房通过温控、光控以及过滤换气装置在食用菌栽培过程中可实现对菇房内的温度、相对湿度、光照等各生产条件的全要素控制，摆

图 3–1　泡沫板菇房

图 3–2　砖墙菇房

图 3–3　简易菇棚

图 3–4　废弃旧房子改造菇房

脱季节环境的变化对食用菌栽培的影响，实现食用菌栽培的周年生产，获得稳定的生产规模和产出。因此，食用菌的工厂化栽培也是食用菌产业发展的趋势，是实现食用菌产业升级的必由之路。

（三）发菌室

要求将菌丝生长阶段，即发菌阶段与出菇阶段的生产条件区分开来，设置专门的发菌室（也称养菌室）进行菌丝培养，以获得良好的养菌效果。发菌室的建设和结构一般与各类温室相同，但也应注意选择地势稍高便于排涝的地方进行建造，屋顶略高为好，通风窗最好分上下两层，以保证良好的保温、散湿性能。

对于以农户为生产单位小规模分散出菇的生产模式，其生产投入有限，考虑生产成本等也可不建设专门的发菌室，而是根据当地的气候条件在菇棚或菇房中就地养菌，直接出菇。当然，也可利用空闲房屋或其他可利用的设施进行菌丝培养，以获得可期的栽培收益。

二、栽培方式

在食用菌生产过程中，对栽培原料的处理有生料、熟料和发酵料三种方法，对应有生料栽培、熟料栽培和发酵料栽培三种方式。但是对于大多数的栽培食用菌，尤其是营木腐生活的食用菌种类，大多数只有在熟料栽培时才能获得稳定效益，尤其是当前食用菌主流的代料栽培模式中，熟料栽培无论是对于控制栽培过程中的杂菌污染，还是最终的高产稳产性均具有明显的优势。对于生料栽培，一般只有少数的抗杂菌能力强、发菌速度快的品种，如平菇、姬菇等侧耳属类的栽培食用菌品种应用。

（一）生料栽培

食用菌培养料不经过加热灭菌或发酵等处理直接进行食用菌

接种栽培的工艺即为生料栽培。生料栽培由于栽培原料不需要经过高温灭菌或发酵等处理，其前期的投入相对要少很多（尤其是灭菌设备的投入、灭菌室等的建设等），栽培操作相对简单易行，不仅省工省时，而且培养料中养分的分解损失少，配合合理的管理措施，也能获得理想的栽培产量。但是生料栽培因为栽培原料未经灭菌处理或其他防病虫害处理，栽培料中所携带的病原杂菌、害虫或虫卵等常会导致栽培过程中的病虫害极难控制，但如果在栽培料内添加农药或其他杀虫杀菌剂，势必会影响产品的安全性。此外，生料栽培发菌慢，接种量也要增加。

由于生料栽培在代料栽培中接种后污染严重，至今没有在生产上大规模示范推广应用成功，所以生料栽培只在一部分抗杂能力强的食用菌品种中有小规模的应用。

（二）熟料栽培

食用菌培养料经过高压或常压湿热灭菌处理后再接种食用菌菌丝进行栽培的工艺。相比生料栽培，培养料经过高温灭菌，其中携带的杂菌、害虫及虫卵等基本被杀死，原料中的养分分解比较充分，接种后菌丝吃料快，发菌迅速。一般制作原种和栽培种时使用熟料操作。

相对生料栽培，其投入相对较高，尤其是要建设灭菌室、添置灭菌设备等，工艺相对也复杂得多。但熟料栽培也有明显优势：杂菌污染相对生料栽培风险小得多，菌丝吃料彻底，出菇整齐，配以合理的栽培管理措施往往能获得不错的栽培效益。

在目前代料生产工艺的食用菌产业发展大背景下，熟料栽培是食用菌栽培的主流栽培方式。

（三）发酵料栽培

即食用菌栽培原料经过堆制发酵处理后直接用于食用菌接种栽培的方法。发酵料栽培是介于生料栽培和熟料栽培之间的方法，因此也被称为半生料栽培。发酵培养料的灭菌、营养分解程度都介于生料和熟料之间，所以它的优缺点也介于两者之间。

（四）栽培方式的选择

三种栽培方式各有其优缺点，食用菌栽培生产者在选择对应的栽培生产方式时应综合考虑栽培菌种、生产条件或本地区的环境气候等因素选择培养料的处理方法。

1. 地域差异　我国南方地区高温多雨的时间长，湿度常年较高，使用生料栽培时栽培料更易霉变等，因此南方地区一般不适合用生料栽培；而北方地区高温时间则相对要短得多，雨量相对也要少很多，空气相对干燥，使用生料栽培时获得成功的可能性更大。

2. 季节因素　即使在生料栽培相对更易于成功的北方地区，不同季节其生料栽培的成功率也有较大差异。秋季用生料栽培的成功率就要大于春季，因为秋季天气温度一般呈现出由高到低的趋势，这一过程也对应于在相对适宜的温度下接种的菌种迅速吃料发菌，后期菌丝吃料定植后温度降低则可以明显降低杂菌污染的概率。春季则往往是升温的季节，气温由低到高，且雨量相对增加，后期的高温高湿的环境也适宜杂菌发生导致杂菌污染。

3. 栽培品种　选择生料栽培方式一般要求食用菌种类的抗杂菌能力、发菌能力等要有明显的优势，才能在生料栽培过程时与杂菌的竞争中获得优势，才有可能获得可观的栽培收益。

4. 栽培技术及条件　除了以上几个方面的因素，在食用菌栽培中选择培养料的处理方法成功与否，生产者的栽培技术往往是最关键的因素。尽管食用菌生料栽培容易操作、成本低等，但对于新手来说应避免盲目上马，即使对于技术好、经验丰富的栽培人员来说，也应先经过小规模的栽培试验，摸清楚生料栽培的相关技术要点后才能扩大生产规模。但是，对于一些旧菇房 / 棚等，在进行生料栽培时发生污染的机会更多，风险更大，因此这类生产条件下应避免生料栽培。而相对于获得木屑等栽培原料较方便的地区，也要考虑到木屑的透气性比较差，贸然进行生料栽培易引起污染，故即便木屑的获得成本较低，也应选择相对稳妥的熟料栽培方式。

三、秀珍菇熟料栽培

当前秀珍菇人工栽培主要以熟料栽培为主，基本的栽培工艺流程包括：

菌种选择→栽培场地选择→原料准备→培养基的配制→装袋→灭菌→接种→菌丝培养→出菇管理→采收

（一）菌种与栽培季节

1. 菌种选择 尽管秀珍菇的人工栽培历史不长，但当前市场上商用的栽培秀珍菇菌株却有不少，例如成都绿亨科技发展有限公司的川秀 1 号，江苏省高邮食用菌研究所的秀珍菇 18、秀珍菇 12，福建省食用菌协会的日本秀珍菇、台湾省的台秀 57、台秀 76，华中农业大学食用菌研究所的秀珍菇 5 号，武汉新宇食用菌研究所的夏秀、秀丽 1 号，浙江省农业科学研究院的农秀 1 号，浙江省淳安微生物研究所的秀珍菇 2 号，浙江省常山县农业局食用菌研究所的高温秀珍菇品种等都是国内生产中常用的菌种（株）。栽培者在引种时一定要按照前文所述的引种步骤，从正规单位或资质好的公司入手，充分了解所选菌株的生物学特性、栽培性状及商品性状等，并进行本地的栽培试验验证菌种的各种信息后才能扩大生产规模，进行正式的栽培生产。

2. 栽培季节 秀珍菇作为中温型菌类，其适宜的栽培气温不能太高也不能太低。我国地域辽阔，各地的气候差异较大，即使同一地区不同海拔的气温也有一定的差异，因此在计划栽培秀珍菇的时候，首先要明确引种菌株的栽培特性（适宜的栽培温度区间）等信息，其次尽可能的结合当地的有记录的气象情况（如常年气温在不同季节、月份的波动，极端天气出现的节点或频率）来确定，尽量避开高温或低温季节及极端天气等。

我国适宜秀珍菇栽培的季节以春季和秋季较为合适，在实际生产中秀珍菇的栽培也通常以秋季和春季栽培较多。在华南地区的广东省，秀珍菇通常在9月份至翌年5月份这段时间内栽培，因为此时间段内的气温变化基本符合秀珍菇不同发育阶段对温度的不同需求，而华南地区的冬季最高温度在20℃左右，非常适合秀珍菇栽培，温度不太低，此时杂菌及害虫少，产量高且稳定。当然，其他产区在合理安排高、中、低温型菌株的前提下，采用相应的栽培设施及管理措施，也可以使秀珍菇栽培实现周年生产，在高海拔的山区可进行高温反季节栽培。栽培者须根据当地气候条件、品种特性及市场供求情况来安排栽培季节。

（二）栽培场地选择及消毒

1. 栽培场地　秀珍菇的栽培场地主要分室内、室外和人防工事3种。

（1）室内栽培场地　室内栽培秀珍菇大多数在闲置的其他菇房或其他房屋内进行。如闲置的草菇房、蘑菇房、农舍、仓库、大礼堂或暂时未入住的楼房等。可参考简易大棚搭建菇棚，达到秀珍菇栽培生长要求即可。栽培时，可直接在室内以墙式排放菌袋，也可搭床架排放菌袋。相较于秀珍菇的其他栽培方式，室内栽培秀珍菇投入相对要高一些，但室内栽培有利于控制秀珍菇生产过程中的各种生长条件如散射光、温湿度、换气方便等，还易防控菌袋污染以及病虫害等，因此相对容易获得高产稳产。

（2）室外栽培场地　秀珍菇室外栽培则场地不限，形式多样，塑料大棚内、果树林下、瓜豆棚下、半地下坑道等场所均可进行秀珍菇的栽培生产。因此，室外栽培主要是利用现有的场地进行栽培生产，具有设备简单、投资少、成本低等优点，但明显的不足就是室外场地在秀珍菇的生长过程中对温湿度较难控制，病虫害也较难防控，故室外栽培秀珍菇的产量往往波动较大，且持续的栽培时间短，效益相对要低。

（3）人防工事栽培场地 有些地区具有地下室、防空洞等人防工事，也可以利用起来进行秀珍菇的栽培生产。选用人防工事作栽培场地时，必须注意3个方面：①应选择空气流通的地段或位置进行栽培生产，在无专门通风设备的情况下，地道尽头或两侧空气不对流的隔间不宜作栽培用。②地下室及地道内终年不见阳光、湿度大，栽培前一定要预先搞好清洁卫生，并用石灰水喷刷进行场地消毒，必要时加喷杀虫剂灭杀潜在的害虫和虫卵。③在确定栽培场地的过程中要适当增加通风和照明设备，保证足够的氧气和光线。

2. 栽培场地的消毒 食用菌栽培最需要注意的就是杂菌污染，因此无论在什么场地或设施中栽培秀珍菇，栽培前都必须进行清洁消毒。室内场地消毒主要是先打扫卫生，清除垃圾后再用气雾消毒剂熏蒸消毒或用石灰水喷刷消毒。人防工事栽培场地消毒与室内场地消毒相似，但消毒后必须用排气设备把废气排出场地外。熏蒸消毒时，一定要保证操作人员的人身安全，熏蒸过程中严禁进入消毒的场所，且消毒完成后也应彻底排出废气再进入消毒场所内进行各种生产操作。对于室外栽培的场地一般较难用熏蒸法来消毒，主要是搞好栽培场所的清洁，尤其是菜地和果园，应注意远离垃圾堆或将采收后的烂菜、烂果等深埋处理，以保证生产环境的卫生情况，并在栽培的地方撒石灰粉进行消毒等。

（三）栽培料选择及配制

1. 栽培原料

（1）主料的选择 适宜秀珍菇栽培的原料很多，一般平菇能

够利用的原料，秀珍菇都可以利用。生产实践证明，棉籽壳、木屑、棉秸秆、玉米芯、甘蔗渣等都可以作为秀珍菇的栽培原料。杂木屑以杨树、柳树、榆树、榕树、油茶、栎树、山毛榉等阔叶树木屑为宜，柏、松、樟、杉等树种木屑必须在室外堆积2～3个月后使用，选择新鲜干燥、粗细适中、无霉变及杂质的木屑，过筛备用。木屑最好是利用专门机械加工出来的，要有一定的颗粒度，以利于培养料的通透性。全部使用粉末状的木屑时，其通透性太差，不利于菌丝生长，可以添加30%左右的棉籽壳、玉米芯以增加通透性。

由于主料主要以提供碳素养分为主，所以在进行秀珍菇栽培原料的主料选择时，还可以因地制宜选择当地产量丰富的原料，扩大栽培原料的来源，降低栽培原料的成本。此外，栽培时使用的原料都必须参考食用菌栽培原料的要求。

（2）**辅料的选择**　秀珍菇栽培的辅料有麸皮、米糠、花生麸、玉米粉、大豆粉等。栽培辅料主要用于增加营养、改善基质化学和物理性状。辅料同样要求新鲜、干燥、无虫、无霉、无污染、无油污。此外，在培养料调配时也需要加入石灰、石膏、碳酸钙或其他一些生长调节剂，但禁止加入影响秀珍菇产品质量安全的杀虫剂、杀菌剂及化学添加剂。辅料适当添加部分有机氮源和无机氮源，有利于菌丝体健壮生长和高产优质。辅料中适当添加少量的鸡、鸭等禽畜粪便或各种饼肥，可增加秀珍菇的出菇后劲。

（3）**培养料的调配原则**　尽管秀珍菇的栽培原料较多，但基于各种原料在实际栽培生产中的表现，以棉籽壳为主料栽培秀珍菇时效果最好，但同时我们也应该看到，棉籽壳也是其他多种食用菌的栽培原料，棉籽壳的消耗量极大，而每年我国的棉籽壳原料有限。因此，要降低食用菌栽培生产成本获得较高的经济效益，充分利用当地的原料资源，结合栽培的食用菌种类在培养过程中的碳氮比需求，科学合理的配制栽培培养基，这也是当前食用菌栽培生产获得高产高效的关键。

秀珍菇培养料配制的具体原则参考前面固体培养基制作配制原则。

2. 常用配方 基于秀珍菇栽培的原料，主要有以下常用配方，其中主料如棉籽壳、木屑、稻草、玉米芯等都可用本地的原料代替，但代替的配方必须经过栽培出菇试验确定最优配制比例才能作为栽培配方使用。

配方 1：棉籽壳 30%、木屑 35%、稻草粉 15%、麸皮或米糠 10%、玉米粉或花生麸 5%、石灰 3%、石膏 1%、蔗糖 1%。

配方 2：棉籽壳 30%、玉米芯或玉米秆 30%、木屑 20%、麸皮或米糠 10%，玉米粉或花生麸 5%、石灰 3%、石膏 1%、蔗糖 1%。

配方 3：棉籽壳 30%、甘蔗渣或麦秸粉 30%、木屑 20%、麸皮或米糠 10%、玉米粉或花生麸 5%、石灰 3%、石膏 1%、蔗糖 1%。

配方 4：杂木屑 30%，锯木屑 29%，棉籽壳 15%，麸皮 18%，玉米粉 5%，$CaCO_3$1%，石灰 2%。

配方 5：杂木屑 62%，棉籽壳 15%，麸皮 15%，玉米粉 3%，黄豆粉 2%，$CaCO_3$1%，石灰 2%。

配方 6：杂木屑 54%，棉籽壳 20%，麸皮 20%，玉米粉 3%，$CaCO_3$1%，石灰 2%。

配方 7：棉籽壳 81%、麸皮或米糠 15%、石灰 3%、石膏 1%。

配方 8：木屑 78%，麸皮 15%，玉米粉 5%，石膏 1%，磷酸二铵 0.5%～1%，石灰适量。

除玉米芯、甘蔗渣之外，玉米秆、花生秆、花生壳、稻麦秆等都可作为培养料，但这些原材料都应加工粉碎后用。玉米芯在使用前应粉碎成一定大小的颗粒，并预先用 1%～2% 的石灰水浸泡 24 小时，然后捞出沥干再与其他配料混匀后使用。各培养料配方调配好后，培养料含水量控制在 55%～60%、pH 值 7～8，有利于发菌，提高成品率。

秀珍菇在夏季高温反季节栽培中，若主料全都使用棉籽壳，则菌袋易发烧而导致长绿霉烂筒；若主料全用木屑，则秀珍菇成品菇体易碎，不耐贮运，色泽也较差。要解决此类问题可在培养料配方中加入棉籽壳 15% 以上，得到的秀珍菇商品性要好于全木屑主料。考虑到棉籽壳市场价格居高不下，减少培养料中棉籽壳的用量是一笔经济账，添加 2% 的石灰可防止高温季节生产期间的培养料酸化。

3. 培养料的配制　秀珍菇培养料的具体配制参考前面固体培养基制作部分内容。

（四）栽培料袋制作

秀珍菇栽培料袋制作包括装袋、灭菌、冷却 3 个工序。

1. 装　袋

（1）塑料袋、套环的准备　用于秀珍菇袋式栽培的常用塑料袋规格主要有两种：一种规格长 42 厘米，宽 22 厘米，厚度 0.3mm（聚乙烯袋）和 0.4mm（聚丙烯袋），袋两头均有开口，因此在利用这一规格的菌袋栽培时，菌袋两头出菇；另一种规格长 33 厘米，宽 17 厘米，厚度要求与前一种规格一样，只是袋的一头开口，因此只能单头出菇。

此外，栽培料袋的选择还应根据灭菌方式的不同选择对应的质量规格，若装料后是用高压灭菌，则应选用聚丙烯塑料袋；若是利用常压灭菌，则选用聚乙烯塑料袋。封口料袋用的套环常用纸箱包装袋做成，用电铬铁将带焊接成直径约 4.5 厘米的圆圈，也有专门制作的塑料套环。

（2）装　料

①人工装料　用长 42 厘米规格的袋时，通常用手工装料，将袋的一端用脚踩住固定或者其他方式固定，再从另一端装入培养料，适当压实，装至离袋口 5～7 厘米时，将料压平，套上套环，盖上薄膜封口，用橡皮筋扎紧。将袋调头，将已装料袋的另

一端料压平，当料不够满时，要适当加料并尽可能压实压平，套上套环，盖上薄膜封口，用橡皮筋扎紧。用长33厘米规格的袋时，可用手工装料，也可用装袋机装料，装至离袋口5厘米左右时，将料压平，套上套环，盖上薄膜封口，用橡皮筋扎紧。

②机械装料　有简易式装袋机和冲压式装袋机。采用简易式装袋机装袋时，将塑料袋套在装袋机的出料筒上，另一人负责进料即铲取培养料倒入机器料斗内，当培养料通过机器进入袋内后，塑料袋逐渐退出料筒，通过调节退出料筒的速度来调整袋内培养料的松紧度，装好后，将袋口封好。采用冲压式装袋机装袋时，将塑料袋套在出料筒上，当培养料进入袋内后，取下料袋并封好袋口。

无论用机械装料还是手工装料，袋内的培养料应松紧一致，不能太松，太松菌丝虽然长得快，但搬动时容易折断，而且塑料袋与培养料之间会存在空隙，子实体原基会从袋内长出，不仅浪费营养，而且子实体原基较长时间闷在袋内，在温度高时极易引起杂菌感染；培养料装得太紧实时，透气性差，菌丝生长慢，出菇相应推迟。

2. 灭菌　与前面介绍的原种、栽培种菌袋灭菌处理方式类似，栽培菌袋的灭菌也主要有常压蒸汽灭菌和高压蒸汽灭菌两种方法，常压蒸汽灭菌主要是利用常压灭菌灶进行灭菌，因灶的结构不同，操作方法也不一样，但灭菌原理是一样的。

进行常压蒸汽灭菌时，将装好料的料袋整齐地堆码在灭菌灶内，尤其注意料袋之间应留适当的间隙，当料袋堆码过高的时候，应在灶内适当增加横隔，这样有利于高温蒸汽在菌袋之间的流畅，防止出现因高温蒸汽流动不畅导致部分菌袋灭菌不彻底。料袋堆好之后，检查灭菌灶内加水是否充足。起初应猛火加热灶内的水，使灭菌灶内的温度迅速达到100℃，尽量排尽灶内的冷空气，同时查看灭菌灶内各部位的温度情况，并确保灭菌的料袋处于高温蒸汽之中。在灭菌灶内的温度达到100℃时，保持温度恒定 12～18 小时。具体灭菌时间应根据灭菌培养料的量来确定：当培养料在 500 千克（干重）以下时，保持灭菌温度 12 小时左右即可达到较好的灭菌效果；当培养料在 1 000 千克左右时，保持灭菌温度 15 小时左右即可灭菌完成。

高压蒸汽灭菌时，参照灭菌锅的相关说明在灭菌锅内加入足量的水，然后将装好料的料袋装入灭菌锅内，同常压灭菌装袋类似，料袋之间应适当留有一定的间隙，装袋完毕之后关好灭菌锅盖和相关排气阀门，同样猛火加热，当压力上升至 0.05 千帕时，打开排气阀，排尽灭菌锅内气体后再关闭排气阀，如此操作重复两次，彻底排尽灭菌锅炉内的冷空气。当压力升至 0.15 千帕时开始计时，保持 2 小时，即可完成灭菌。

3. 冷却 常压蒸汽灭菌锅在完成灭菌后，一般在停止加热后 12 小时开灶，等待灭菌料袋自然冷却。当冷却至可以搬动时，再将灭菌料袋出锅，转移至接种室冷却备用。

对于高压蒸汽灭菌锅的冷却，一般在停止加热后等待压力表指针自然降至“0”的位置时才能打开排气阀，再打开灭菌锅盖，料袋稍冷却后及时出锅，转移至接种室备用。一般高压蒸汽灭菌锅在灭菌结束后不宜长时间不开门，若长时间不开门，内室冷却形成负压，再开门就有可能带入含杂菌的空气，影响实际的灭菌效果。此外，在灭菌结束料袋出锅时，操作人员应对料袋进行仔细检查，如发现有小孔或破袋，可用胶布封贴小孔或破袋部位，以防杂菌侵入，减少栽培料的损耗。

（五）菌种接种

在菌种接种前，必须对接种室进行彻底的消毒（用紫外灯照射或气雾消毒剂消毒），一般当出锅料袋的温度降至 28℃以下时即可进行接种操作。对接种用的接种勺、铲、针等接种工具一并消毒灭菌。接种人员应在关闭紫外灯或者气雾消散之后再进入接种室操作。接种人员在进入接种室之前还要先做好准备工作，预先用肥皂洗手清洁，再用 75% 酒精擦手或戴一次性塑胶手套，换上接种专用鞋，穿工作服，并戴上工作帽以及口罩。接种前确认栽培种无杂菌污染，菌丝粗壮洁白，菌龄适合。菌种的消毒一般可用 75% 酒精擦抹菌种瓶（袋）的外表面，也可用 0.1%～0.2% 的高锰酸钾溶液浸泡，浸入后立刻取出，不能让药液进入瓶（袋）内影响菌种活力。

接种菌袋量少时可采用超净工作台或接种箱接种，灭菌处理等相对要方便得多；接种量大时可直接在接种室接种。无论用何种方式，均必须严格按无菌操作规程进行接种。接种时可 1 人单独完成，也可 4 人一组进行。单人接种时，先将袋口解开，用接种勺等接种工具将预先准备好的菌种送入料袋内或直接用消毒过的手取菌种放入料袋内，然后用灭过菌的报纸（以 2 层为宜）封口，再用橡皮筋扎紧，两头开口的料袋，两头均要接种，一头开口的料袋只接一头。4 人一组接种时，3 人解袋口和封口，1 人放种，即 3 人将封口的薄膜除去，待放种后再用灭过菌的报纸（2 层）封口，用橡皮筋扎紧。根据菌种生长的强弱、栽培菌种的规格及料袋规格等因素综合考量，确定适宜的接种量：通常每 750 毫升的菌种瓶的菌种可接长 42 厘米、宽 22 厘米规格的料袋 10 袋左右，可接长 33 厘米、宽 17 厘米规格的料袋 20 袋左右；规格为 14 厘米 × 27 厘米菌种袋装的菌种可接长 42 厘米、宽 22 厘米规格的料袋 12 袋左右，对于长 33 厘米、宽 17 厘米规格的料袋则可接种 25 袋左右。接完种后将菌袋搬进培养室进行培养。

（六）发菌管理

接种完成后，需要进行养菌即菌丝培养，一般在专用的培养室进行发菌培养。应预先将养菌室打扫清理干净并在地面撒一层石灰粉以去湿消毒，有条件的生产者也可参考接种室消毒对培养室消毒。菌袋在培养室内的排放方式主要有床（层）架排放和地面墙式堆放两种。床（层）架摆放即将菌袋放置于床（层）架上进行发菌培养，床架一般宽40厘米左右，层间距离50厘米，可放菌袋4～5层，床架间预留65厘米宽的过道。在床架摆放菌袋时，不同的环境气温对于不同规格的栽培菌袋其摆放层数有不同的要求：对于长42厘米、宽22厘米规格的菌袋，当气温低时每层床架摆放的菌袋以3～4层为宜，气温高时则摆放2～3层为宜；而对于长33厘米、宽17厘米规格的菌袋，气温低时每层床架摆放菌袋5～6层，气温高时则摆放3～4层。床架摆放相对于栽培场所不是很充裕的用户则可充分利用栽培空间，因此优势也比较明显。另一种排放方式是地面墙式堆放，即无床架等设施，菌袋直接堆放于室内地上，此种排放方式堆放的层数及两排菌袋间的距离大小也要充分考虑当地的气温因素。当温度较低时，菌袋可堆6～8层，两排间距离15厘米左右，且可加盖塑料薄膜进行保温；当气温高时则可堆2～3层，并加大两排间距离至50厘米左右，同时也可以将菌袋单层竖立摆放，便于散热降温。

菌丝培养时的温度一般根据栽培食用菌品种的最适温度进行设置，但在秀珍菇栽培发菌培养的环节，其实际操作一般维持培养室或培养环境温度在20～25℃即可，此温度范围内菌袋发菌均可正常进行；但室内温度最高不应超过28℃，当温度超过30℃时要及时进行通风换气或散堆降温，或者室内最低温度不要低于15℃，温度过高或过低都不适于秀珍菇菌丝的培养。在此过程中，除密切关注培养环境气温的同时，更要密切注意菌袋内的料温，因为菌丝在生长过程中会产生大量的热量引起料温升高，如果不注意及时通风降温，尤其在菌袋摆放不合理或者通风不好时，料温甚至会比培养环境气温高出3～5℃，甚至会出现“烧菌”的现象。因此，初学的栽培者或者在进行大规模栽培时要特别注意养菌培养室的温度变化。

此外，培养室内应尽量保持黑暗，空气相对湿度最好不要超过80%，湿度偏高往往容易引起杂菌污染。在菌丝培养过程中要经常检查污染情况，发现有污染的菌袋应及时挑出进行相应的处理。正常情况下，秀珍菇发菌培养经25天左右菌丝即可长满全袋，实际培养时菌丝长满全袋的时间与气温、培养基及菌种等有关。秀珍菇菌丝满袋之后，应后熟15～20天。对于后熟完成的判断，生产实践表明，当秀珍菇菌袋内出现淡黄色露珠时，表明菌袋后熟完成，此时子实体即将形成并进入出菇阶段，此时起要从温度、湿度、光照、氧气等方面进行出菇前的管理。

（七）出菇管理

1. 菌包排放 经过后熟的秀珍菇菌包如果就地出菇，应对出菇菇包进行适当的摆放调整，以便出菇期间的操作管理等。对于有专门的出菇棚则应从发菌室转移到菇棚的菇架上，以便于管理。菌包摆放层数可参考层架高度，各层之间放置1～2片竹片或木片隔开，以便于出菇管理；若采用金属网格架，则出菇过程的管理可以达到省工省力、提高工效的目的。对于地面墙式出菇方式菌袋则需要重新摆放，菌袋排6层左右为宜，同样需要各层间放置竹片或木片隔开以增大菌袋间的通透性，两排菌袋间预留过道55厘米左右，便于后期的管理操作。此外，针对不同的栽培出菇场地或生产方式，菌袋的排放还有落地堆垛、畦床立袋排放、畦床脱袋埋土等方式。

此外，菌包的具体摆放，对于一头开口的菌包应上下相邻的菌包开口方向相反，对于两头出菇的菌包则应适当增加菌包间距，以免影响各菌包后期的出菇及采收。对于菌包在摆放前的检查处理，包括去掉棉盖、套环和老的菌块（皮）、肥大的原基等，去掉菌袋的封口膜、封口报纸等，并沿颈圈去掉塑料袋，如发现畸形菇蕾也应及时去除。

2. 温度管理 秀珍菇属变温性结实性菌类，菌丝长满后，其子实体原基的形成需要一个10℃左右的温差刺激。子实体在8～22℃均可形成，从接种至子实体原基形成需30～40天。原基形成时，除去封口的报纸，原基形成后，温度在12～25℃时，子实体能正常生长，最适宜温度是15～20℃。在适宜温度范围内，温度较低时，子实体生长较慢，但菌盖肥厚，肉质细嫩。温度偏高时，子实体生长快、菌盖薄，纤维较多，品质较差。

经过温差刺激的菌袋进入出菇房后，应根据外界自然温度协调出菇环境温度尽量保持在15～25℃。温度低于10℃就要采取加温措施。高于30℃以上就要积极采取降温措施，通过地面浇水、空间喷雾、棚顶喷水及棚顶架设遮阳网等措施来降温。还有一点需要特别注意的，秀珍菇出菇阶段需要温差刺激，但是一旦形成菇蕾，就要保证不再有大的温度波动即较大温差，否则会使已经形成的菇蕾死亡。所以形成菇蕾后，要尽可能地保持菇房的恒温状态。因此，在低温季节栽培秀珍菇，出菇房一定要配备增温设施。如果是进行燃料加热增温则要注意增温的燃烧废气一定要经由烟道或其他通道排出菇房，以免栽培环境中的一氧化碳超标导致菇体中毒、死菇。低温栽培出菇时，一般增温保持在20℃左右即可。

3. 湿度管理　秀珍菇子实体形成和生长的空气相对湿度以90%～95%为宜。诱导子实体原基的形成，除要低温及温差刺激外，还要向菌袋喷水，使封袋口的报纸湿透，使袋口菌丝处于高湿环境，每天根据空气相对湿度情况进行喷水。一般每天喷3次左右，以喷雾形式加湿。在雨天及空气湿度较高时少喷或不喷。子实体形成和生长过程中，若空气相对湿度低于80%，子实体难于形成，幼菇容易干枯，有条件的最好设自动加湿器，减少劳动量，同时提高产品的产量和质量。

秀珍菇生长迅速、出菇密集、转潮快、潮次多，其生理需求对水分消耗量非常大。为了保证产量和质量，必须保证菇房的空间相对湿度和菌袋里面的水分。菌袋进入出菇房后，沿着菌袋颈圈将塑料膜割去，同时刮去原来老化的菌种或肥大的原基。此时菇房内空气相对湿度连续3～5天保持90%左右。

自第二茬菇开始，转潮管理期间，加大通风量和延长通风时间，菇棚的相对湿度控制在70%～80%，使菌袋表面培养料保持干燥。在进冷库进行温差刺激前，对菌袋进行补水处理至最大限度，可提前3天向菌袋料面喷重水或向袋内灌水，提高培养料含水量及环境湿度，使菌丝处于干湿交替的生长环境，以加快菌丝的扭结分化。有时也可进行浸水处理，即将菌包浸水以充分补足水分。菌包浸水处理时将袋口朝下，放在菌袋周转筐内，筐直接放置在水池内，一般浸水处理24小时。室内也可结合地面灌水、空中喷雾等措施保持空气相对湿度在85%～90%。但也要注意，如果菇房空气相对湿度长期处于90%以上，也会造成其他病害的发生。

一般在环境适宜的条件下，秀珍菇从原基分化成菇蕾到成熟只需要3～5天。在原基分化出菇蕾的时候，不要向菇蕾直接喷水，以免造成菇蕾死亡；即使喷水也要用室温条件下的水，并尽可能将水滴雾化，此期每天可喷水2～4次，具体由菇盖表面水分的蒸发情况决定。若菇盖表面易干、盖表面发白、菇盖边缘卷边或开裂都说明环境湿度不足，此时要适当增加喷水次数或喷水量，但注意不可直接用地下冷水喷洒，保证喷雾的水温与出菇环境温度一致，否则易造成菇死亡。向子实体喷雾应等到子实体菇柄伸长达4厘米、菌盖直径达1厘米以上，可以用喷雾器直接进行喷雾加湿。秀珍菇栽培过程中，喷水应坚持细喷、勤喷的原则，同时最好结合通风进行喷水。尽量避免喷施“关门水”，以免造成栽培环境的湿度过大、氧气不足等，进一步导致秀珍菇病害的发生。

总之，秀珍菇栽培出菇期间对湿度和水分的管理要本着“看菇喷水，看天喷水，灵活机动”的原则。晴天、风天则应多喷，雨天则少喷或不喷。温度高多喷水并结合通风，温度低则少喷水并注意保温，少通风。

4. 光照控制　秀珍菇子实体的形成和生长过程都需要适量

的光照，一般以散射光效果最好，不能有太阳直射光线。散射光可以诱导原基形成和分化，没有光照的黑暗环境或光线太弱时子实体难以形成甚至不能发生，即使形成子实体，其生长及产品质量也常常会受到影响。散射光强度通常以在菇房中能看清报纸上的字即可，光线不足时要安装照明灯来增加光线强度。一般光照在200～800勒克斯，子实体生长正常。光线过暗易形成畸形菇，光线过强，尤其是直射光，会导致子实体干枯，或者形成柄短、盖大的次品菇。所以对于光照的管理也要根据子实体生长阶段和生长状态进行灵活调控。

5. 通风换气　秀珍菇的生长对空气有特殊要求。其子实体形成和生长过程中，必须保证足够的新鲜空气。当氧气不足时，会形成长柄菇或无菌盖的畸形秀珍菇。通过适当开门窗通风，可满足氧气的需求，在防空洞或地下室栽培时，要通过人为增加通风量来增加氧气。

商品秀珍菇标准要求菇柄长5厘米左右，而出菇环境中二氧化碳的浓度决定秀珍菇菌柄的长短，为达到市场对较长菌柄的品质要求，需要适当减少通气，增加二氧化碳浓度。因此在子实体生长期间，一般要适当减少通气，或者菇房内利用薄膜分隔成若干小区，将若干床架或菌墙用薄膜像蚊帐一样罩起来。然后根据菇形生长状态来控制薄膜的开启程度。实践证明，虽然此法十分简单但实际效果还不错：如果发现秀珍菇菌柄变短而菌盖变大了，就要适当的封闭薄膜；反之如果菌柄过长，菌盖太小，就要适当松动薄膜，加大通气量。但是对于秀珍菇生长过程中的通风换气管理一定要根据子实体生长状况灵活调控，切忌一成不变。此外，菇房内严重缺氧的情况下，也会导致病害的发生，这一点每一个从事秀珍菇栽培的生产者都要引起足够的重视。各地有关控制菇房二氧化碳浓度的方式很多，例如采用半地下式菇房、工厂化机械设施控制氧气含量的设施都具有很好的可操作性，可以因地制宜选择使用。

四、秀珍菇高温季节栽培

（一）栽培场地的选择

秀珍菇高温季节栽培时拌料、装袋、灭菌、接种及菌丝培养等环节均可利用传统栽培场地，但出菇房则要进行适当改造，以达到秀珍菇出菇所需要具备的一些栽培条件，如加装制冷空调、通风设备、加湿设备，出菇房墙壁和房顶加保温层，新建出菇房最好在地面加隔热层，使菇房温度能降至12℃以下，在房内设置多层的培养架，充分利用空间等。

若不加装空调等制冷设施，则对于栽培秀珍菇的打冷操作又区分为固定冷库打冷和移动打冷两种操作方式。在秀珍菇场规划建立一个小型冷藏库用于秀珍菇的出菇温差刺激，对于这样的固定冷库进行打冷刺激出菇的方式又叫固定打冷。冷库容积可以根据菇场的生产规模来确定，可大可小：一般1万～2万袋的规模，需建10立方米冷库，制冷机可采用家用2～3匹的普通空调机；栽培5万～6万袋，则应建18～20立方米冷库；10万袋及以上规模，冷库则不应低于50立方米的规模。冷库除了可以作为秀珍菇菌袋出菇低温刺激打冷的场所，还可以作为秀珍菇或其他栽培品种商品菇的保鲜储存之用，一举两得。此外，为便于操作，冷库和水池应建在菇棚中央，每4万～5万袋约需用地面积660平方米。

对于进行移动打冷的出菇场，也需要对菇棚进行适当改造，主要是将栽培菇棚由旧式的单层结构（只有外墙）改为内外棚双层结构，即内棚用一定厚度的塑料薄膜分隔为相对独立的隔间（隔间大小应根据移动制冷设备的功率大小进行设置）作为制冷棚代替固定冷库。打冷期以外，内棚塑料薄膜可收起来不影响其他操作。

（二）栽培技术要点

1. 技术参数 在28℃以上的高温环境，秀珍菇菌丝长满后，仅有光照、水分条件而没有温差刺激，原基很难分化。要顺利促进原基分化，必须进行一定的温差刺激。

通过试验和栽培结果表明，在高温季节利用2～14℃的低温对秀珍菇进行冷刺激可以有效促进原基的分化；秀珍菇菌袋在2～4℃环境下处理的时间至少要12小时以上，而12小时、18小时和24小时处理的产量差异不显著；菌丝长满袋后，让它继续培养6天以上再进行低温刺激能有效保证秀珍菇的产量；同样温度条件下，冷库处理菌袋和在有制冷的菇房处理菌袋两种方式对产量有一些影响，在有制冷的菇房处理菌袋无论是出菇的菌袋数量和生物转化率都比冷库处理的高，主要是菇房内冷空气流通性好，加上菇包之间间隔较大，菌袋与冷空气的接触面大，菌丝能更有效得到冷刺激。

2. 设施创新 传统的秀珍菇高温季节设施栽培有两种方式。

第一种方式是每间菇房安装空调，此方式通过增加固定投资来减少搬动菌袋的工作量，固定投资大大增加。可根据秀珍菇的生物学特性，设计出一台移动制冷空调，供8～12间菇房降温，不但使空调设施的投资减少70%以上，还使劳动强度大大降低。而采用移动空调式降温，搬动菌菌袋工作量只有原来方式的四分之一，污染也大幅度降低。

第二种方式是培养室不装空调，通过在菇场建立一个冷库，通过人工搬运固定打冷，将长好菌丝的菌袋搬入冷库降温刺激出菇，低温刺激后将菌袋搬回培养室进行出菇。利用冷库进行温差刺激“固定打冷”的操作程序如下：每天根据冷库的大小安排一定量的菌袋进入冷库进行温差刺激。首先将已经后熟完成的菌袋装入周转筐内，码放在冷库内，然后库温尽快降到8～10℃，维持10小时左右完成冷激过程。一般可在每天的下午整理进库，处理一个晚上，次日上午出库转运至出菇房进行出菇。下午第二个菇房的菌袋进入冷库继续进行打冷处理。以此类推，循环进行，可有效增加冷库的利用率和提高工作效率。利用冷库进行固定打冷，一个栽培周期每个菌袋要来回搬动 4 次左右，尤其在栽培规模较大的时候不仅搬运工作量大，而且在搬运过程中容易造成破损，出现菌包损耗，进而引起污染，降低产量。尤其在当前人工成本越来越高的今天也是一笔不小的成本支出。

当前，人们针对秀珍菇栽培加装空调制冷设备打冷和固定打冷的不足，也发展出了新的打冷技术——移动打冷技术。即通过制冷机、冷却水循环系统等，组装形成移动制冷机组，在秀珍菇出菇前需要进行温差刺激的阶段只需要将移动制冷机组推入菇房 / 棚里，即可实现对秀珍菇菌包在原位进行打冷，而不需要移动或搬运秀珍菇菌袋，在大大节省人工的同时使得秀珍菇栽培的生产效率、产量和质量均得到显著提高。在进行打冷操作时，对于砖墙室出菇房，只需要将门窗紧闭密封，进行制冷降温操作即可；而对于改造的菇棚在打冷时只需要把塑料薄膜拉下，形成四周相对密封的制冷棚，将移动制冷机组推入准备好的制冷棚中预定位置通电开机进行制冷操作即可。移动制冷机可利用地下水，水温较低，制冷温差 10℃以上效果较好，制冷时间一般为 12 小时左右。根据制冷机功率、制冷棚大小等因素，合理规划安排菌包进行温差刺激即可。移动打冷操作无须建设固定的冷冻库，简单且易于操作，有效地解决了食用菌生产企业、菌业合作社或菇农夏季栽培秀珍菇制冷配套设施的技术难题。由于移动制冷的简易冷棚密闭性能较之冷库要差得多，如果在高温季节白天开机制冷，往往易受外界温度的影响难以达到菌包刺激所需的温差。因此，在高温季节进行制冷开机最好选择傍晚，充分利用白天气温升高、夜晚气温降低的自然温差，加上制冷机组的制冷功效，可强化对菌包的温差刺激，以进一步节约用电等成本支出。

总之，秀珍菇栽培中对于出菇房的选择应根据栽培场地的实际情况、场主的经济实力等情况进行相应的改造，综合考虑后选择最合适、经济的方式，以最合理的投入获得最大的栽培收益。

五、榆黄蘑熟料栽培

榆黄蘑至今尚无形成规模化生产，由于榆黄蘑菌种抗杂能力强，菌丝生长发育快，所以目前国内的榆黄蘑栽培大多采用生料和发酵料栽培。但在实际生产中应根据栽培季节、栽培条件、生产者的栽培技术、管理水平等灵活掌握。一般在气温较高的阶段，如果栽培技术水平较高、菇房 / 棚条件较好等，可采用生料栽培；如果对于生料栽培技术不是很熟悉或者把握不大，则可以选择发酵料或熟料栽培。当前榆黄蘑熟料栽培与秀珍菇栽培工艺类似，基本流程包括：

菌种选择→栽培场地选择→原料准备→培养基的配制→装袋→灭菌→接种→菌丝培养→出菇管理→采收

（一）菌种与栽培季节

1. 菌种　国内榆黄蘑的人工栽培从最初的东北三省扩散至华北、华东以及南方地区我国食用菌育种人员也先后引种、选育了一批适应各地域不同气候条件的栽培榆黄蘑菌种。例如，吉林省蛟河市食用菌研究所的金顶 1 号，泰安市农业科学研究院保藏的榆黄蘑菌株榆黄蘑泰山 –1、榆黄蘑泰山 –2、榆黄蘑泰山 –3、榆黄蘑 1 号、榆黄蘑 K1 和榆黄蘑黄菊 1 号，山东德州东方生物技术研究所榆黄蘑 1、2 号、大叶榆黄蘑等，福建农林大学菌物研究中心引自日本的榆黄蘑菌种 Pl.c10 等。栽培者在引种时一定要按照前文所述的引种步骤，从正规单位或者资质好的公司入手，充分了解所选菌株的生物学特性、栽培性状及商品性状等，并进行本地的栽培试验验证菌种的各种信息后才能扩大生产规模，进行正式的栽培生产。

2. 栽培季节 榆黄蘑与秀珍菇一样属于中温型菌类，菌丝生长温度在5～35℃均可，最适温度20～30℃，但不耐高温，40℃以上迅速死亡。子实体形成温度为10～28℃，最适温度为18～25℃。根据榆黄蘑这些生物学特征，我国北方地区可在春、夏、秋三季进行栽培。南方地区则以春秋两季较好，春播3月份接种，4—5月份出菇采收；秋播9月份接种，10—11月份出菇收获。对于西北地区如青海等地也可安排夏季栽培：如3—4月份进行栽培种制种，5—6月份接种发菌，7—8月份完成出菇及采收。各地实际栽培榆黄蘑时，应经过引种试验才能正式扩大生产。

（二）栽培场地选择及消毒

榆黄蘑栽培场地的选择及消毒参考秀珍菇栽培部分的场地选择及消毒内容。

（三）栽培料选择及配制

1. 栽培料的选择与配制 榆黄蘑栽培料的选择与配制参考秀珍菇栽培部分的栽培料选择内容。

2. 常用配方 基于秀珍菇栽培的原料，主要有以下常用配方，其中主料如棉籽壳、杂木屑、稻草、玉米芯等都可用本地的原料代替，但代替的配方必须经过栽培出菇试验确定最优配制比例才能作为栽培配方使用。

配方1：杂木屑30%，玉米芯30%，甘蔗渣25%，麸皮10%，石灰5%。

配方2：杂木屑65%，麸皮27%，玉米粉5%，石灰2%，碳酸钙1%。

配方3：棉籽壳86%，麸皮10%，石灰3%，磷酸二氢钾0.5%，尿素0.5%。

配方 4：棉籽壳 70%，杂木屑 27%，蔗糖 1%，石灰 1%，碳酸钙 1%。

配方 5：棉籽壳 85%，麸皮 12%，石灰 2%，碳酸钙 1%。

配方 6：棉籽壳 50%，杂木屑 40%，玉米粉 7%，石灰 1%，碳酸钙 2%。

配方 7：棉籽壳 80%，麸皮 15%，玉米粉 3%，复合肥 1%，生石灰 1%。

配方 8：玉米芯 40%，木屑 36%，麦麸 6%，细稻糠 10%，豆饼粉 4%，石灰 3%，石膏 1%。

配方 9：木屑 72%，麦麸 10%，细稻糠 10%，豆饼粉 4%，石灰 3%，石膏 1%，多菌灵 0.2%。

配方 10：豆秸秆 30%，木屑 50%，麸皮 10%，豆饼粉 3%，草木灰 3%，石灰 3%，石膏 1%，磷酸二氢钾 0.1%（其中豆秸秆需预先处理成 3 厘米左右长度的小段）。

同秀珍菇栽培原料一样，玉米芯、甘蔗渣、玉米秆、花生秆、花生壳、稻麦秆等都可作为榆黄蘑的栽培料，其处理方式也一样，如豆秸秆的配方。原料按配方拌匀后加水，料 / 水比约为 1/1.25～1.35，含水量为 65% 左右，以手捏紧料，手指间见水但无水滴下为好。石灰的作用参考秀珍菇栽培部分的内容。以上所有栽培配方在使用前都应预先进行栽培出菇试验，或根据本地实际情况选择替代原料试验，成功后再选择最合适的配方进行生产使用。

3. 培养料的配制　榆黄蘑熟料栽培的培养料具体配制参考前面固体培养基制作部分内容。

（四）栽培料袋制作

榆黄蘑栽培料袋的制作参考秀珍菇栽培料袋制作的内容。

（五）菌种接种

榆黄蘑熟料栽培的接种参考秀珍菇栽培的菌种接种内容。

（六）发菌管理

榆黄蘑发菌培养室的布置可参考秀珍菇栽培部分的培养室规划进行。

榆黄蘑菌袋的摆放也应根据环境气温的高低确定菌袋的摆放层数：当环境气温高于20℃左右时，菌袋应单层单排摆放于地面或摆放成“井”字形堆，每层放2袋共5～6层，使菌袋之间相互间隔，以达到降温或通风效果，防止高温烧菌；当环境温度为15℃左右时，菌袋可单排摆放4～5层，但要注意菌袋之间袋口不应相互接触，靠墙的菌袋其袋口避免接触墙壁；10℃及以下时，菌袋应双排摆放8～10层，要充分考虑保温措施。在榆黄蘑的整个发菌过程中，除要密切关注培养室的环境温度之外，对发菌菌袋的温度也要保持关注，袋温应控制在28℃以下。在榆黄蘑发菌期间，当环境温度低于15℃时，则应该在发菌菌袋上覆盖塑料薄膜进行保温。

榆黄蘑菌丝好氧，在发菌培养时除充分考虑发菌温度之外还要注意培养环境的氧气供应情况，及时通风。栽培榆黄蘑发菌培养的第一周，发菌温度最好保持在25℃左右，少量通风，维持环境温度以便于菌种定植吃料。发菌培养的第一周后期应及时检查菌丝的萌发情况，若发现菌丝不萌发的应及时补接菌种；若发现少量杂菌感染，则应加强发菌室的通风降温，控制或抑制杂菌进一步发展。若温度过低，则还需进行保温、升温，以保证菌丝正常生长发育。此后，第8～10天培养室环境温度保持在22℃左右，经过第一周的培养，此时菌种已经基本完成定植，开始发菌生长，生理活动加大对氧气消耗也逐渐增加，因此这一阶段要适当增加通风，可以每天早晚对培养室通风1～2次，每次30～40分钟，保持培养室空气新鲜。发菌培养10天后，菌丝基本生长正常，开始进入全面生长至满袋的阶段，生理活动更旺盛，故此阶段每天要通风2～3次，每次30～50分钟，以充

分保证菌丝生长所需要的氧气供应，避免二氧化碳浓度过大影响菌丝生长。在发菌培养的过程中也要适当进行翻堆处理，一般在发菌 7 天左右进行第一次翻堆，以后每隔 7 天左右翻堆 1 次，通过翻堆可以让菌丝更好的吃料和满袋，结合翻堆的同时检查和剔除污染的菌袋并及时处理。此外，榆黄蘑发菌培养期间要注意遮光，培养室尽量保持黑暗，空气相对湿度保持在 65%～70%。

总之，榆黄蘑菌丝培养期间主要是调节培养温度，保持发菌环境温度在 20～28℃，最高不能超过 35℃，不然会出现烧菌现象导致菌丝死亡；最低温度或不低于 18℃，否则菌丝生长缓慢，导致错过最佳出菇期及收获期延长等。此外，发菌室通风不良，会导致榆黄磨菌丝生长缓慢，而发菌室二氧化碳浓度过高则会对菌丝有毒害作用，导致菌丝发黄干枯进而凋亡。高温季节增大通风量时，风会带走培养室大量的水分引起菌袋失水，但若大量补水又会造成高温高湿环境极易发生其他杂菌危害。因此，高温季节栽培榆黄蘑大量通风并进行补水操作时可适当喷施消毒剂，如 2%～3% 高锰酸钾、新洁尔灭水溶液或其他消毒剂溶液，以达到增加湿度的同时抑制杂菌的目的。

一般榆黄蘑在接种后养菌培养 25～30 天菌丝即可长满全袋。在菌丝满袋后，经过一定时间的后熟即可将菌袋移入出菇场地准备进行出菇管理工作。

（七）出菇管理

榆黄蘑作为一种适应性强的食用菌品种，其出菇管理方法与平菇基本相同。由于榆黄蘑栽培主要是在夏秋季出菇，此时温度较高，因此在实际生产中要尤其注意采取降温措施。此外，榆黄蘑对栽培环境中的二氧化碳浓度极为敏感，应特别注意栽培场所的通风换气。栽培榆黄蘑要想获得优质高产，就必须熟练掌握榆黄蘑子实体生长发育的管理要点，并严格按照这些要求进行栽培管理。

1. 菌包摆放 榆黄蘑出菇前的菌包排放、清洁整理可参考秀珍菇栽培部分内容进行。而对于榆黄蘑出菇菌袋的排放高度或层数更应根据气温的高低而定，尽量避免出现不利于散热、通风不畅的排放情况，同时应兼顾方便管理。

2. 温度管理 榆黄蘑菌丝长满后，其子实体原基分化的温度一般在 8～22℃。但实际生产中榆黄蘑子实体生长期间，菇房温度应控制在 16～25℃，低于 15℃原基分化困难，难以形成菇蕾；高于 26℃则不利于子实体生长。榆黄蘑从接种、满袋至子实体原基形成需 30～40 天。原基形成时应及时除去封口的报纸。

准备出菇的菌袋在进入出菇房后，应根据外界自然温度协调出菇环境温度以及菌袋温度。夏栽或秋栽榆黄蘑时，应尽量保持出菇温度在 30℃以下或维持在 22℃左右。温度高于 30℃就要及时采取降温措施，简易大棚要及时通风降温，菇房则还要结合地面浇水、空间喷雾、棚顶喷水及棚顶架设遮阳网等措施来降温。同秀珍菇栽培一样，一旦形成菇蕾后，要尽可能地保持菇房温度恒定，避免温度大幅度的波动，造成死菇。

榆黄蘑春栽时，则要注意采取保温措施维持适宜的出菇温度。因此，在低温季节栽培榆黄蘑，出菇房应适当配备增温设施。低温栽培榆黄蘑出菇时，一般增温保持在 20℃左右即可。

3. 湿度管理 榆黄蘑出菇期间湿度的管理与秀珍菇出菇管理类似。此阶段空气相对湿度初期控制在 80%～85% 为宜。一般当少数栽培菌袋料面菌丝有白色粒状原基出现时及时解开袋口，或者沿着菌袋颈圈将塑料膜割去，并开始向出菇房或菇棚的地面、四周和整个空间喷水，勤喷、细喷催菇水，但应注意避免水喷到料面上。

榆黄蘑栽培应注意，在开始现蕾时无须喷水，当进入幼蕾期时，要逐渐提高空气相对湿度到 85%～95%，幼蕾期空气湿度最好不要低于 70%，以免幼菇无法正常生长进而干枯。在幼蕾期喷水加湿时，切忌将水直接喷施到幼菇上，否则会导致菇体

腐烂等。在原基分化出菇蕾的时候，除注意不要向菇蕾直接喷水外，喷水也要用室温条件下的水，不可直接用地下冷水或温差较大的水喷洒，应保证喷水的水温与出菇环境温度一致，否则易造成菇体死亡。当菇蕾分化至颜色变鲜艳，菇棚内空气相对湿度低于85%时即可开始喷水，每天1～3次。榆黄蘑出菇期的喷水原则是菇蕾颜色未变黄色时忌对子实体直接喷水，阴天少喷，晴天多喷，以细雾状水为佳。每天喷水的次数由看菌盖表面水分的蒸发情况决定。若菇盖出现表面易干、盖表面黄色变淡、菇盖边缘卷边或开裂等情况时表明菇房湿度不足，要适当增加喷水次数或喷水量。榆黄蘑栽培过程中，除了湿度控制，还应注意通风调节，避免喷施“关门水”，造成栽培环境湿度过大、氧气不足等，进一步导致病害的发生，一般在喷水后立即进行通风换气，防止形成高温高湿环境。因此，榆黄蘑栽培增湿时的喷水应坚持细喷、勤喷的同时还要结合通风。

此外，与秀珍菇栽培出菇期间对湿度和水分的管理类似，榆黄蘑栽培的喷水也要本着“看菇喷水，看天喷水，灵活机动”的原则。在晴天或高温天气，榆黄蘑子实体较大时，喷水量也要加大才能满足子实体生长发育的水分需求；在阴天或菇体较小时，则对应的减少喷水或不喷水。有条件的生产者可考虑加装自动加湿器，减少劳动量的同时还能提高产品的产量和质量。

出菇期间视天气情况，每天应给菇房通风换气1～3次。

4. 光照控制　榆黄蘑子实体的形成和生长发育过程都需要适量的光照，一般以少量散射光效果最好，避免太阳光直射。光照强度参考秀珍菇出菇管理的相应内容。

5. 通风换气　榆黄蘑好氧，对栽培环境中的二氧化碳浓度较为敏感，一般应控制菇房或栽培场所二氧化碳浓度在0.2%以下。因此，在榆黄蘑子实体形成和生长过程中必须保证栽培环境通风良好。若二氧化碳浓度大时，则会形成畸形菇或不出菇。在防空洞或地下室栽培时，要通过人为增加通风量来增加氧气。

六、生料和发酵料栽培

生料栽培和发酵料栽培的栽培方式有一定的共通性。生料栽培即直接将配置好的栽培料用于接种栽培。发酵料栽培则在栽培料装袋之前需要对培养料进行发酵处理。一般需要堆置来完成发酵过程。

（一）栽培料的配制

1. 栽培料配方 常用的生料和发酵料栽培配方如下。

配方 1：棉籽壳 96%，石灰 3%，石膏 1%，克霉灵 0.1%（可用于生料或发酵料栽培）。

配方 2：麦秸秆或玉米秸秆（粉碎）97%，石灰 2%，尿素 0.5%，过磷酸钙 1%，克霉灵 0.1%（可用于生料栽培）。

配方 3：玉米芯 95%，石灰 3%，尿素 0.3%，石膏 1%，过磷酸钙 1%，克霉灵 0.1%（可用于生料或发酵料栽培）。

配方 4：棉籽壳 98%，蔗糖 1%，石灰 1%（可用于生料或发酵料栽培）。

对于一些农业废弃物如玉米芯、作物秸秆等作为培养原料的，在使用之前应进行适当处理，玉米芯粉碎成花生豆大小的颗粒，玉米秸秆、麦秸秆、稻草或者花生秸秆等粉碎至 1 厘米左右长。这类原料粉碎后最好在拌料使用前预先用 1% 的石灰水浸泡 24 小时，然后捞出沥干或者沥至不滴水之后再与其他配料混匀后使用。

2. 生料栽培料处理 生料栽培时，将培养料按配方比例进行备料，然后将辅料加水溶解后拌入主料中，之后进行人工拌料或使用搅拌机进行机械拌料，拌好的培养料堆置 3 小时左右才能用于装袋。

3. 发酵料制堆发酵

（1）发酵场地选择 发酵场地就近菇场的，应选择菇场中通风向阳、地势较高、转运和取水操作方便的区域，尽可能远离菇房包括养菌室，以避免病虫害的交叉感染和传播。对于地势较低的菇场，在选择发酵场地时，应做好排水防涝的排水沟，这样可以避免原料发酵过程中因下雨导致发酵料堆被淹，进而导致发酵失败。此外，堆制发酵结束后，应能及时趁热将发酵好的培养料装袋转运进接种室接种。

（2）**发酵料处理**　发酵料主要通过制堆自然发酵。在建堆发酵之前，需要对发酵料进行适当的预处理，一般在建堆前一周左右，将原料如棉籽壳、麦秸秆、玉米芯、粪肥等晒干、粉碎，使用前用清水将这些原料预湿，再将原料按配方比例配好，易溶于水的物质都加入水中溶化，与其他原料搅拌均匀，最后将原料与辅料充分拌匀，含水量约 60%，以手握混匀的发酵料无水滴出为止。

（二）发酵料发酵

（1）**发酵建堆**　发酵料堆一般依据发酵原料的多少制成圆锥形或长梯形。料堆高度一般在 1～1.5 米，长梯形则长度不限，建堆完成后需轻轻压实发酵料的表面。为防止发酵过程中由于发酵温度过高导致烧料或料堆不透气导致发酵料腐败，可用较粗的木棒或直径 2 厘米左右的竹筒在堆好的料堆顶部垂直向下插入，打出 1～2 行若干个透气孔，再在料堆两侧的中部和下部各横向插入打 1 行透气孔，通气孔之间间距 30 厘米左右。通气孔的孔道深度应以达到料堆底部和中心部位为标准。随后在料堆中插入长柄温度计，以能准确反映料堆发酵过程中的堆温。为了保证堆制好的发酵料能够正常发酵升温，需要用草苫将料堆覆盖严密以便保温保湿。此外，下雨时除注意防止发酵料堆泡水之外，还要用塑料薄膜覆盖料堆防止雨淋。一般建堆后，发酵正常的情况下，料堆内部温度在 2 天左右可升至 65℃左右。

（2）**翻堆**　在料堆发酵过程中，为了达到发酵料均匀发酵的目的，需要对料堆进行翻堆处理。翻堆时将堆料内的发酵料与料堆表层的发酵料进行位置调换，并通过翻堆将发酵料堆内因微生物活动产生的废气排出，使培养料分解更均衡、腐熟更充分。翻堆时，应注意将料堆表层翻到堆心，将内部料翻到外层，注意上下翻动、内外翻动，翻拌均匀，使内外层发酵料充分交换。

一般当料堆内温度首次升至65℃左右时，需要维持此温度12小时左右，让料适当发酵后即可进行第一次翻堆。按翻堆操作要求进行第一次翻堆后，待料温再次升到65℃左右时，维持堆温1～2天，再进行翻堆操作。一般情况下，第一次翻堆前需要严密注意料堆温度，因为发酵前期发酵料营养丰富，微生物有氧活动旺盛极易导致料温超过安全阈值导致烧料，故第一次翻堆前只用维持65℃堆温12小时左右即可。翻堆的同时应注意对料堆适当补充水分。整个发酵过程，一般前后翻堆3～4次，发酵5～6天即可完成。

（3）**发酵结束** 发酵料堆发酵完成后，一般通过对发酵原料的感官变化来把握完成度。对于玉米芯这类原料，玉米芯变成深棕色、有发酵香味时，一般认为发酵完成。而对于有麦秸、稻草类的原料，发酵后期往往呈棕黄色，秸秆充分软化有弹性、无酸臭异味时也可认为发酵完成。在实际生产中，发酵好的培养料其散开料堆后往往可见到大量的白色粉状放线菌，即所谓的白化现象，并散发出大量的热气，有培养料香味，棕褐色，质地松软，用手抓培养料有弹性而且不粘手，原料的含水量达65%左右，调pH值7～8。

（三）装袋接种

配制好的生料或发酵好的培养料应及时装袋接种，这一环节是秀珍菇和榆黄蘑生料或发酵料栽培成功的关键。生料或发酵料栽培时，由于未经灭菌操作，菌种在接种后不仅对培养料的利用不如熟料栽培，同时其定植生长还须面对杂菌的竞争。因此，在实际生产中，对于生料或发酵料的栽培接种主要通过在料袋中增加通气孔以及加大接种量等措施在一定程度上解决问题。

栽培菌袋一般选用两头出菇的菌袋，规格为长×宽（42～45 × 22～25）厘米或（55 × 20～22）厘米的聚乙烯塑料袋。准备好的菌袋在装料前要先扎上一端袋口备用，栽培菌种袋或菌种瓶用消毒液预先清洗消毒。消毒完成之后，将菌种取出放在预先消毒的接种盆中并将菌种掰成蚕豆大小的块状备用，菌种不能掰得太碎更不能直接揉碎。接种装袋时，先在袋底均匀播撒一层菌种然后装料，一边装料一边压实，当装至料袋的 1/3 处时，再紧贴菌袋壁播撒一圈菌种，然后继续装料压实至料袋 2/3 处再贴菌袋壁播撒一圈菌种，装满菌袋后的料面也均匀播撒一层菌种，适当压实后用预先消毒好的直径约 2 厘米的光滑木棒或铁棒，在装满培养料的菌袋中心向下打一竖直的通气孔到袋底。注意勿用力过猛，以免扎穿菌袋另一端或胀破菌袋。最后扎好菌袋口，即完成一个菌袋接种操作。

生料栽培料时，装袋接种完成后应在菌袋上扎几个透气孔，或在使用前预先在菌袋上打两道孔对穿形成四个透气孔，以便菌袋及时散热。如果想要缩短发菌满袋时间，可适当增加接种量，将菌袋中间的菌种由 3 层增加至 4～5 层，这样可以极大地缩短菌种发菌吃料至满袋的时间，有利于菌种短时间在菌袋内发菌并形成优势菌群，减少杂菌污染的概率。因此，对于大多数可进行生料或发酵料栽培的食用菌品种来说，接种时增加通气孔及多层播种是生料或发酵料栽培成功的关键。

（四）发菌管理

对于生料或者发酵料栽培，除对发菌室注意遮光及通风换气相同外，发菌管理与熟料栽培都表现出极大的不同。主要是严格控制料温，生料栽培装料量多，接种量大，料内各种微生物繁殖，在菌袋处于低温季节堆积发菌时可不加温培养。其他时节，一般生料接种后第一周的管理要特别小心，尤其注意监控接种后的菌袋中的生料培养料的发酵产热，这一阶段稍不注意就会因发酵升温而导致烧袋、杀死菌种进而造成杂菌污染致使栽培生产失败。要解决这一问题，从摆放接种菌袋时就要注意，主要是考虑通风散热的措施，增大菌袋与菌袋之间的距离，如间隔 5 厘米左右排放。堆垛排放时，排放好一层后，在这一层菌袋的上面放 3～4 根木杆或竹竿再在上面放另一层，木杆或竹竿主要是便于层间的通风透气。一般视栽培季节气温的高低排放 2～4 层菌袋。同时做好菌袋温度的监控，主要是在中层和上层各选一菌袋插入温度计，每天观察早、中、晚三个时段的温度。对于秀珍菇的生料栽培发菌，一旦监测到菌袋的温度超过 28℃时，就要立即采取散堆措施进行降温；对于榆黄蘑的生料栽培发菌，一旦监测到菌袋的温度超过 30℃时就应立即散堆，降低堆高并及时降温。

此外，在气温较高的季节用生料栽培榆黄蘑发菌时尤其要注意合理排放菌袋，严格控制料温。通常在气温 20℃左右时，菌袋可采用“井”字形排列，每堆可放 4～5 层，堆与堆间距 60 厘米，当气温在 25℃时，菌袋只能贴地单层散放或每堆不超过 3 层排放；当气温在 30℃时，菌袋内温度即达到 35℃，则应当立即加大发菌丝的通风、采取喷水降温等措施。菌袋堆墩后每隔 5～7 天翻堆 1 次，将下层菌袋往上层翻，上层的菌袋往下翻，里面和外面的菌袋相互翻。

一般发菌培养一周后，应及时检查菌丝萌发情况。若发现菌种菌丝不萌发，则应及时补接菌种；若发现少量杂菌感染，则可采取加强发菌室通风降温，以达到控制或抑制杂菌发展；若发菌室温度过低，需采取保温、升温的措施，以保证菌丝正常生长发育。

秀珍菇或榆黄蘑生料栽培的发菌初期一般经一周左右的管理，只要不发生烧袋，菌种定植萌发正常的情况下，菌丝基本都可以布满菌袋的料面，而且过了这一阶段菌袋中的料温也已基本稳定，此时发菌培养的管理基本上成功。此后，只要注意发菌室

的环境温度、卫生并适当采取防虫害措施，再经 18～20 天，菌丝即可长满全袋，进入后熟阶段，可以将菌袋转到出菇房准备出菇管理。

这一阶段对于发菌室的管理，主要是注意环境卫生，可以通过撒石灰粉进行消毒；对于虫害的管理，必要时可以选择高效低毒的食用菌专用杀虫剂进行杀虫防控。此外，尤其应对菌袋的感染情况加强监控管理，一旦发现污染菌袋及时隔离或剔除出发菌室。对于污染较重的菌袋应远离菇场深埋处理。

（五）出菇管理

发菌完成的菌袋就要开始准备出菇管理。一般后熟菌丝开始分泌黄色液滴即“吐黄水”并伴随现蕾时就要及时转入出菇管理。将出菇菌袋转入菇房、菇棚或野外荫棚中，生产中多采用菌墙出菇管理办法，将发好的菌袋视出菇场所大小堆垛 5～10 层，注意堆牢防倒垛。用刀片将两头袋环割掉使两头料面全露，这时候的管理主要是注意调节光照、通风和湿度，并给予适当的温差刺激出菇。提高棚内相对空气湿度至 90% 以上，很快料面就会出现原基，原基出现后千万不能喷水，不能通大风，而是随着幼菇出现，逐步增大空气湿度、通风量。秀珍菇生料栽培的出菇管理可参考前面熟料栽培的管理。

榆黄蘑堆垛菌墙后，可从菌墙顶灌水以浇足出菇水，菇房（棚）温度保持在 15～20℃，空气相对湿度 85%～95%，适当拉大温差，注意通风换气并给予一定的散射光刺激，大约一周后菌蕾就会大量出现。榆黄蘑出菇期间要适当增加喷雾次数，往出菇场所的地面、空中增加喷雾 2～3 次，并注意通风，保持空气新鲜。榆黄蘑从现蕾到采收一般需 10 天。

（六）补营养水

一般生料或发酵料栽培在出菇 2～3 茬以后，袋内培养料已经失水比较严重，养分消耗较大，如果这一时期不及时补充水分和适当补充营养，则菌袋后期出菇会后劲不足，直接影响栽培的最终产量。因此，为了保证菌袋后期出菇有充足的水分和营养支持，在出菇 2～3 茬后应及时补充水分和营养成分，可以大幅度提高最终产量。营养液主要是给菌袋补充氮、磷、钾等矿质元素以及糖等，配方一般为每 100 升水加磷酸二氢钾 0.2%、硫酸镁 0.1%、糖 1%、石灰 0.5%～1%。补水时可以直接喷水直至菌袋喷透，营养水则需要用补水器逐袋将其灌至菌袋中，或者将菌袋浸泡在营养液中。

此外，对生料栽培的菌袋补水时一定要注意 3 点：①补水时机要选准，一定要在上茬菇采后，菌丝已恢复将要出菇时进行；②一定要注意补水量，补水量太小达不到产量，过大易烂筒；③补水后由于菌丝要恢复生长并产热，所以一定要注意观察温度变化，防止升温烧袋而烂筒。

（七）其他栽培技术

1. 榆黄蘑生料或发酵料床栽技术 榆黄蘑可以直接在地上整畦床栽，也可以获得不错的产量。榆黄蘑床栽首先要选好场地，床栽场所应远离鸡舍等养殖区域及垃圾场等，避免引发病虫灾害。床栽一般选择地势较高、土质干燥（沙壤土质最好），且靠近水源的场地。场地通风向阳，方向以坐北朝南为宜。这样秋冬季气温低时太阳可以直接照射菇床，有利于提高菇床温度进而促进榆黄蘑子实体的正常发育。

榆黄蘑床栽前，应先规划好畦床大小，按实际生产规模搭建简易菇棚，以便合理规划空间。一般畦床宽 1～1.3 米为宜，太宽不便于后期的栽培操作，太窄会降低场地的利用率。整理畦床时先将场地整平，在畦床两边开好排水沟。由于畦床土里往往含有大量的杂菌、害虫或虫卵，会影响菌丝的生长，因此需要预先进行消毒灭菌杀虫处理。一般可提前整理畦床，将整理好的畦面

曝晒，可在一定程度上达到灭杀杂菌和驱赶害虫的效果。然后，上料前1天对畦床表面及四周环境撒生石灰及喷施食用菌栽培专用的消毒杀菌剂进行消毒灭菌，喷施0.1%的敌百虫水溶液杀灭菌床中的害虫。

完成灭菌杀虫后即可进行上料和接种操作。在畦面上先铺1层厚约5厘米的培养料，然后直接在料面播撒1层菌种，再继续上料播撒菌种，一般播种3～4层，最后将剩余的菌种直接播撒于表层料面。播撒菌种完成后取木板将料面轻轻拍平并适当压实，再用报纸覆盖接种好的畦床料面，最后再用薄膜覆盖床面以便保温。最终整个畦面上料厚度约20厘米，每平方米畦面用干料25千克左右，菌种4～5瓶。畦床栽培菌种的使用量一般占培养料的15%左右，使菌种在接种时即成为培养料中的优势菌群，挤占其他杂菌的生存空间进而减少杂菌污染的概率。发菌培养过程中，若发现霉菌污染，量少时可小心的挖掉污染区域，再用少许杀菌剂如多菌灵处理杂菌污染处；若霉菌污染多时，则可直接用适量的石灰粉覆盖污染区域。

接种后发菌培养即进入菌丝发育阶段。发菌培养的前3～4天应注意控制温度在23～28℃之间，最高不可超过32℃，否则容易烧菌。发菌培养5～7天后，此时菌种基本完成定植并开始吃料，温度宜控制在22～26℃。对于榆黄蘑的床栽发菌管理，春季气温低时应注意畦面保温培养，但要兼顾畦床的通风；而对于秋初季节，气温仍然较高时，应注意及时打开覆膜通风降温。床栽的发菌期视天气情况每1～2天揭膜通风半小时左右，一般上午通风换气，天气好时可以上下午各通气一次。发菌培养后期，当菌丝完成吃料并基本长满畦面时，将表层覆盖的报纸撤掉，同时在畦面覆土，覆土层厚2～3厘米，并将覆盖的薄膜拱起以利畦面的通风管理。

榆黄蘑畦床接种后经发菌培养25～30天，菌丝一般可布满料面，这一阶段若气候温差较小，应人为制造温差刺激，可适当喷洒冷水，尽量拉大温差，经过一定的温差刺激后畦面菌丝 7 天左右即会发生菌丝扭结，原基分化，出现菇蕾。此后的出菇管理可参考榆黄蘑袋栽管理，注意掌握菌棚内的温度、湿度、光照和通风等。

榆黄蘑春栽时，出菇一般在夏季，出菇期环境气温高，应实时关注菇床的温度，及时喷水降温，喷水应喷雾状水，拱棚表面加盖隔热效果好的遮阴材料，以减少太阳照射或热辐射。秋栽时出菇期间温度较低，要注意保温，防止菇蕾或幼菇冻伤。盖遮阴材料的时候应注意光照强度，榆黄蘑出菇需要一定的散射光。此外，榆黄蘑栽培无论是春栽还是秋栽都应该注意控制栽培环境的氧气含量，榆黄蘑作为好氧菌对二氧化碳较为敏感，二氧化碳浓度过高会致其畸形或死菇，因此要做好栽培环境或菌棚的通风管理，以满足榆黄蘑子实体发育所需的氧气含量。

2. 榆黄蘑生料袋覆土栽培 这种栽培方式适用于日光温棚或（阳畦、林地、草甸）露地栽培。尤其在当下大力推进的林菌产业发展，只要配以适当的栽培管理技术，林下榆黄蘑栽培也能产生可观的经济效益。

榆黄蘑生料袋覆土栽培：即在生料袋中完成接种、发菌管理，出菇前将料袋除去将菌包覆土后进行出菇管理的栽培方式。前期的料袋制作、接种和发菌管理均与前面的生料袋栽操作一致，待菌丝长满菌袋后即可准备畦床。日光温棚栽培的畦床以宽 0.8～1 米为宜，深 0.3～0.4 米，长度不限或视要搭建的塑料薄膜拱棚长度而定。畦床内喷施浓度 5% 的石灰水并让石灰水彻底渗透畦床内以达到灭菌杀虫的目的，也可以喷施浓度 3% 的石灰水加其他食用菌覆土栽培畦床专用杀菌剂，并用 0.1% 敌百虫水溶液或其他杀虫剂喷施畦床以灭杀畦床内的害虫。对畦床的灭菌杀虫处理完成后就可以将发菌好的菌袋放入畦床内进行覆土操作。对于不同规格菌袋（小袋、大袋）或出菇要求不同，菌棒在畦床内的排放方式也有一定的差异：菌袋竖立排放，竖立排放时

菌棒出菇区域只有朝上覆土的那面，其他部位不出菇，这样可以保证出菇时的营养集中供给，菇丛、菇朵往往较大；菌袋横排排放时，则出菇区域较大，同时出菇的概率也较大，但是其菇丛数量相对竖立排放要多，营养消耗相对也快。生产者可根据自身的栽培需要进行摆放。

菌袋摆放覆土时，首先用刀片割开菌袋，将菌棒脱袋后排放于畦床内，菌棒之间的空隙用细土填实，排好之后在菌棒表面覆一层 1～2 厘米厚的腐殖质土，菌棒完成覆土后不要马上喷水，应让菌丝适应一下新的栽培环境，于第二天再喷水，菌棒覆土后的第一次水应喷透水，同时可适当喷施一些促进菌丝上土和提前出菇的食用菌专用试剂。覆土后，如果担心后期子实体粘土影响商品性，可考虑在覆土层表面加盖一层厚 1 厘米左右的沙子，这样可以避免在出菇管理过程中喷水的时候导致子实体粘上泥土，保持菇体干净。菌棒覆土完成后，应及时在畦床上面搭建拱棚，盖上塑料薄膜和遮阴网或草帘，以达到保温或防晒的目的。

覆土搭好温棚之后即正式进入出菇管理，温棚内温度控制在 23℃左右即可，若环境温度及生长条件等适宜，一般菌棒覆土 5～7 即可出现菌丝分化原基，长出菇蕾。因此在出菇前，也就是覆土 3～4 天后要对菌棒喷施足量的水刺激出菇，往畦内喷施催菇水时要加大喷水量，喷透菌棒，最好能使菌棒含水量达到 65%～70%。经过催菇水的喷施后，畦床表面开始出现菇蕾，此时对畦床喷水时要注意不能直接对着菇蕾喷水，而要向空间喷水，以雾状水为佳，加大空气湿度，满足子实体发育所需的水量。当幼菇变黄或菌盖展开后，这一阶段可向菇床上直接喷少量水，随着菇体发育生长，再逐步加大对菇床的喷水量，始终保持温棚内空气的相对湿度在 85%～90%。此外，温棚还要适当的通风换气，并给予充分的散射光线等，以保证子实体的形成和正常发育。榆黄蘑子实体的采收及采后管理可参考熟料栽培部分。

第四章
病虫害防控技术

食用菌在生长发育过程中，不仅受环境因素，如温度、湿度、水分和空气等的影响，也会受各种（微）生物（如真菌、细菌、病毒和线虫等）和动物（如有害昆虫、螨虫或蛞蝓等其他软体动物）的影响。这些危害直接影响食用菌的正常生长发育，造成严重的经济损失，因此被统称为病虫害。

在食用菌生产过程中，各个环节均有可能发生病虫害，污染或取食培养料、危害菌丝体或子实体。对于不同的病虫害，首先要弄清楚其特性及发生规律，只有在此基础上才能制定有效的防治措施，如栽培措施防治、物理防治、生物防治和化学防治，或几种措施相结合的综合防治。食用菌栽培时病虫害防治的最终目的除了避免病虫害造成重大损失，还要确保食用菌产品的质量安全和生态环境安全。

一、病虫害及其发生规律

（一）病害类型

1. 竞争性病害 食用菌培养料经过灭菌后，由于无菌操作不严或菌袋破损等原因，使其他微生物有机会进入已灭菌的培养料中，或污染已发酵过的培养料，导致这些微生物与食用菌菌丝体争夺营养和生存空间，阻碍食用菌菌丝体在培养基中的正常生长发育，这种现象即为竞争性病害。

常见的竞争性病害主要由木霉菌、曲霉菌、链孢霉菌和青霉菌等真菌引起，这类真菌往往能产生分生孢子或小菌核，污染培养料及生产栽培场所。对于秀珍菇和榆黄蘑这类木腐性食用菌，其培养料的竞争性杂菌主要是木霉菌、链孢霉菌和青霉菌等。

2. 侵染性病害　主要是由真菌、细菌、病毒等病原菌或线虫引起，这些病原物侵染子实体或菌丝体后，引起的病害称为侵染性病害，或又称传染性病害。

侵染性病害有些病原物主要侵染菌丝体，引起菌丝体死亡；一些病原物主要侵染子实体，引起斑点、腐烂或畸形，如秀珍菇黄菇病、平菇黄斑病、双孢蘑菇病毒病等。有些病原物既可以危害菌丝体、原基和幼蕾，也可以危害成熟的子实体。

3. 生理性病害　由不适宜的培养基质或环境条件引起的食用菌生长发育受阻的现象，称为生理性病害。

生理性病害常引起接种失败、菌袋报废、无法出菇、子实体畸形、萎蔫或枯死等，在生产中经常导致巨大的经济损失。生理性病害的发生原因可以归结为培养料不适宜及栽培环境不适宜两个方面。

第一，培养料配方不合理，或者栽培原料质量不达标，导致菌丝无法生长，或者菌丝生长十分稀疏，甚至菌丝凋亡，最终导致烂袋或烂棒的发生。如：①培养料的 pH 值过高或过低；②代料栽培中阔叶树木屑原料混入针叶树木屑；③辅料使用劣质麸皮或假石膏等。

第二，栽培环境不适宜，如：①通风不良致栽培环境二氧化碳浓度过高，进一步导致子实体畸形，有些菌类对空气中的二氧化碳浓度十分敏感，子实体极易畸形；②温度过高导致菌丝发生烧菌现象而死亡，或者菌丝抗杂菌能力下降，菌包或菌棒出现腐烂现象，高温也会引起幼蕾萎蔫枯死或者子实体腐烂；③湿度过大易引起子实体发生侵染性病害，高温、高湿和通风不良是菇房中许多子实体病害暴发流行的重要因素。

（二）虫害类型

食用菌菌丝体和子实体不仅营养丰富而且气味特别容易吸引多种昆虫、螨类和软体动物取食。食用菌害虫大多数具有食性杂、体型小、隐蔽性强和繁殖力强的特点，危害往往具暴发性。许多害虫几乎可以全过程危害，即从栽培基质、菌丝体到子实体都能取食危害，而且不仅在基质和子实体表面，也能在基质和子实体内部危害。而且虫害发生的同时，往往伴随螨虫和病原物的传播，造成病虫害的交叉传染、暴发。食用菌虫害根据其不同害虫类群也大致可以分为 3 类。

1. 有害昆虫中的双翅目、弹尾目和鳞翅目害虫 目前食用菌有害昆虫主要是双翅目的菌蚊科（又称蕈蚊科）、眼蕈蚊科和瘿蚊科的幼虫，以及菇蝇中的蚤蝇科、蝇科和果蝇科的幼虫；其次是弹尾目和鳞翅目幼虫。

（1）双翅目害虫 这类害虫的成虫及卵并不能直接产生危害，主要是幼虫期以取食菌丝或子实体为生，包括多菌蚊、中华多菌蚊、闽菇迟眼蕈蚊、嗜菇瘿蚊、短脉异蚤蝇、家蝇和黑腹果蝇等。主要见于采用发酵料的秋季栽培，成虫近料产卵并孵化导致虫害发生。双翅目害虫的成虫极具趋光性和趋味（菇香味、料香味、腐味）性，因此，对栽培场所或菇棚进行闭光处理时，害虫发生概率较低，虫口密度减少。其幼虫初期在表层培养料中活动，取食菌丝，出菇后则钻至菌柄基部，直至菌盖，待菇体“中空”后又回到料内，继续危害，直到将培养料中的菌丝全部蚕食干净。

（2）弹尾目害虫 弹尾目害虫主要是一类无翅的低等微小昆虫，因为具有能弹跳的弹器，故生产中称其为跳虫，发生时常聚集成堆，状如烟灰，也被称为烟跳虫。跳虫几乎能危害所有的食用菌种类，包括秀珍菇和榆黄蘑，且携带螨虫和病菌，易造成二次感染。跳虫种类较多，常见的主要有角跳虫、黑角跳虫、黑扁跳虫等。

（3）**鳞翅目害虫**　危害食用菌的鳞翅目害虫较多，但多数种类仅在仓库中危害食用菌干品，而在食用菌生产中直接危害培养料、子实体的种类则相对较少，主要是谷蛾科的食丝谷蛾、夜蛾科的星狄夜蛾和螟蛾科的印度螟蛾等几类害虫。

2. 害螨类　螨虫个体极其微小，但该害虫有群居习性，成堆成团地活动于料表及菇棚边角、地面，虫口密度很大时，料表面呈白色（乌白色）或肉红色甚至红褐色。螨类危害时主要以口器刺入菌丝体或子实体吸食其内的汁液，造成菌丝体消退或引起菇蕾死亡、子实体萎缩或畸形，严重影响食用菌产量和品质。当虫口密度较大时，同样能咬啮菇蕾及老熟子实体。螨虫主要品种有粉螨科的腐食酪螨，长头螨科的害长头螨和蒲螨科的木耳卢西螨等。

3. 常见有害软体动物　在食用菌上危害的软体动物主要是蛞蝓和蜗牛。危害食用菌的蛞蝓种类主要有双线嗜黏液蛞蝓、黄蛞蝓和野蛞蝓，其中又以双线嗜黏液蛞蝓发生最多。危害食用菌的蜗牛种类主要有灰巴蜗牛、同型巴蜗牛和江西巴蜗牛。

4. 其他虫害　除上述食用菌栽培中常见的虫害种类之外，还有线虫、白蚁、老鼠等也会危害栽培食用菌，导致栽培损失。

（三）发生规律

在食用菌病虫害中，导致食用菌病害发生的原因即为病原；其中的（微）生物被称为病原物。一般病原物在一个栽培季从越冬场所传播到子实体或菌丝体上，进行初次侵染，初次侵染完成后产生病原物，并再次传播和侵染，最后病原物进入越冬场所越冬准备下一个栽培季再次侵染，这个过程即病原物的侵染循环（图4–1）。对于食用菌病害的防治，只有弄清了病原物类型、繁殖方式、越冬场所、传播方式、侵染途径和再次侵染的次数等，才能采取正确合理的防控措施。

食用菌虫害主要是指食用菌栽培过程中，受各种昆虫、螨类及软体动物的危害，这些有害动物通过取食菌丝体或子实体造成经济损失。由食用菌病虫害循环可知，食用菌虫害的生活史也是其侵害循环过程。对于有害昆虫生活史，其个体发育往往有完全变态发育和不完全变态发育之分，完全变态发育有卵、幼虫、蛹和成虫 4 个发育阶段，不完全变态发育则有卵、若虫和成虫 3 个发育阶段，其中幼虫期的幼虫或若虫阶段是有害昆虫危害食用菌的主要阶段。

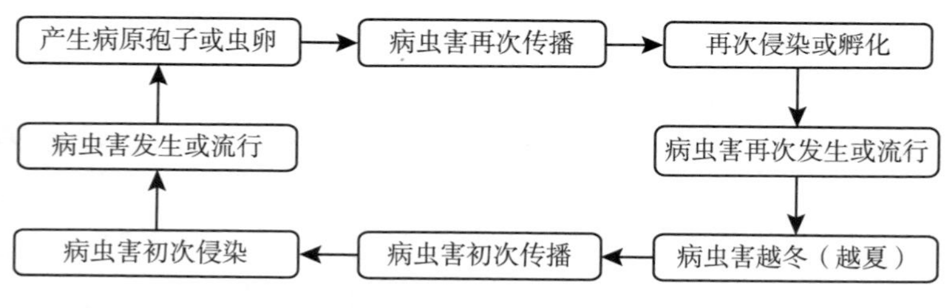

图 4–1 食用菌病虫害侵染循环示意图（参考边银丙，2016）

二、常见病害与防控

（一）木霉菌污染与防控

木霉菌的菌落识别特征：菌落初期为白色，一般致密，呈圆形，菌落中部渐变为绿色粉状，但边缘仍为白色菌丝，后期产生大量绿色分生孢子。

木霉菌是侵害食用菌最严重的一种杂菌。凡是适合食用菌生长的培养基均适宜木霉菌丝的生长，其菌丝生长速度是食用菌菌丝生长速度的 3～5 倍。如果菌种携带木霉病原或是接种过程中消毒不严格，接种室内病原孢子浓度高，接种过程感染就极易发生木霉菌污染。病原孢子会迅速萌发繁殖，将接种料面占据导致接种菌丝失去营养而停止生长，致使接种失败。被感染的培养料几天后会因木霉菌产生大量绿色的分生孢子而呈现绿色，培养料腐败并散发出强烈的霉味。木霉菌丝能快速分解富含淀粉、纤维素和木质素的有机残体，且能寄生在长势较差的食用菌菌丝和子实体上进行危害。木霉菌有时与食用菌菌丝之间形成拮抗线，有时又能侵入并覆盖食用菌菌丝体。在出菇期间若出菇环境不适，导致菇体生长受阻，子实体抗性下降也极易被木霉病原菌侵染。此外，木霉菌丝还耐二氧化碳，在通风不良的菇房内，菌丝也能快速生长侵染培养基和菇体。子实体感染木霉病原之后，常停止生长，使菇体软化、渍水，最后菇体长满木霉菌丝。

木霉菌适应性强，且木霉菌丝体和分生孢子广泛分布于自然界中，其分生孢子在6～45℃都能萌发生长，最适温度在20～35℃，此时菌丝生长最快。在基质内水分达65%和空气相对湿度70%以上时，孢子往往能快速萌发和生长，产生大量分生孢子。木霉菌孢子萌发及菌丝生长喜好偏酸性环境，pH值范围为3.5～6。

目前，尚未发现能抗木霉病原菌侵染的食用菌品种，因而每年均有大量的培养料、菌种和子实体受到木霉的侵害而导致巨大的经济损失。木霉是当前食用菌栽培中的第一大病原菌。栽培食用菌时，栽培场所、培养料、覆土和生活垃圾都是木霉病原菌的主要来源。而菌袋破损、瓶塞松动或封口不严、使用未经消毒灭菌的工具打孔、灭菌不彻底或无菌操作不规范时，病原菌或病原孢子污染培养料，极易导致污染的发生。培养料中糖分和麸皮含量偏高、栽培环境高温高湿以及培养料偏酸性等均有利于木霉菌的发生。

【木霉菌的防控】 木霉菌类群是食用菌栽培生产过程中存在最普遍、致病力最强又难以防控的病原菌。要将木霉菌的危害程度控制在最低限度，最有效的方法是预防加防治相结合，层层管控各生产环节中木霉菌或木霉孢子侵染的途径，才能有效又经济的降低木霉菌的污染率和发病率。

①做好栽培场所的环境卫生，栽培操作工具的灭菌消毒工作等。保持接种、发菌场所的清洁、干燥并严格做好消毒工作，及时清除栽培场所的废料和污染料，杜绝废料和污染料的堆积；装袋车间应与无菌室隔离，防止接种工具带菌污染培养料，同时接种工具与培养料应保证灭菌彻底。

②对于熟料袋栽，减少菌袋破损也是食用菌生产中防控木霉污染的有效手段。食用菌熟料袋栽时，应尽可能选用高质量塑料菌袋，以降低栽培操作如装袋、灭菌、翻堆等过程中菌袋破损的概率，也能直接降低木霉污染的概率。

③适当调整培养料的营养配比，可在一定程度上减少木霉菌污染的发生。在培养料配制时，适当降低培养料的碳氮比，减少或不加入糖分，控制麸皮用量，尽量营造不适合木霉菌发生的营养条件。此外，将培养料的水分严格控制在60%～65%，可有效抑制木霉菌的发生（过高易引起木霉菌的发生），必要时可在培养料中加入1%～3%的生石灰，也可起到明显的抑菌效果。

④灭菌冷却后及时接种，保证接种菌种的纯度和活力，适当增加接种量以利于菌种短时间内在培养料中定植发菌占据优势。对于接种，有条件时应尽量在低温环境下进行接种操作，并在20～22℃或根据栽培的食用菌的适宜低温环境下培养菌丝。此外，接种时适当增加接种量，使菌种在菌袋或培养料内尽快定植发菌，在最短时间内形成优势菌群覆盖料面，也可减少木霉病原菌侵染的机会。

⑤高温高湿环境极易暴发竞争性杂菌污染，因此，在栽培时尤其是发菌阶段应尽可能保持发菌室环境的适当低温、加大通风、降低二氧化碳浓度等，能明显抑制木霉菌等病原菌的侵染。

⑥加强发菌期的检查，发现木霉菌污染的菌袋及时清除出培养室，降低其他菌袋重复污染的概率。清除污染菌袋时，若已经

产生分生孢子，则应小心的将污染菌袋移出栽培场所，尽量避免在发病菌袋移动的过程中病原孢子飞出到空气中再次侵染其他健康菌袋。清除的发病菌袋应视情况及时处理，如果较轻微或附着在菌袋表面，可对发病区域进行局部处理，一般可采用70%硫菌灵可湿性粉剂或50%多菌灵可湿性粉剂1 000倍液进行喷雾处理，3天后重复用药一次。如果木霉菌已侵入培养料内的，则应及时小心的将污染部位挖除，并涂抹10%石灰乳剂。对于木霉污染严重的菌袋则应远离菇场进行深埋或焚烧处理。对于床栽来说，同样可以用上述方法进行木霉防治。

⑦出菇期间，保持出菇场所的清洁、通风，及时采收成熟子实体，摘除残菇和病菇，出现虫害时及时用药防治，避免虫传导致的霉菌交叉污染。

（二）链孢霉菌污染与防控

链孢霉菌的菌落识别特征：菌落初期为白色或灰色，菌丝匍匐状生长，分支具膈膜。无性阶段分生孢子梗顶端着生分生孢子，分生孢子卵圆形或近球形，无色或橘红、橘黄、粉红色。

链孢霉病原菌在自然界中广泛分布，在富含淀粉和糖分的有机质上（棉籽壳、玉米芯等）能快速生长，高温季节常见到潮湿的玉米芯表面长出橘红色的链孢霉孢子，因此对于使用棉籽壳或玉米芯做栽培原料时要尤其注意链孢霉菌污染的防控。链孢霉菌耐高温，在25～35℃条件下均能快速生长，培养基含水量在60%～70%均能长势良好并快速形成分生孢子团。链孢霉的分生孢子团通过气流、工具和人为操作等传播，在高温高湿环境中繁殖迅速。在袋栽或瓶栽时，袋口或瓶口的棉塞、包装纸受潮时，极易发生链孢霉菌污染。但在瓶栽的培养料内，菌丝生长羸弱难以形成孢子，因此其在菌袋栽培模式下危害往往极为严重。此外，该病原菌的适宜pH值范围在5～8。

在秀珍菇或榆黄蘑栽培中，链孢霉菌生长速度比秀珍菇和榆黄蘑的菌种萌发速度快。同一批次接种的菌袋中，一般在接种后一周，接种菌种刚在袋口吃料萌发时，感染链孢霉的菌袋就已经可以看到明显超过接种正常菌丝长度的杂菌菌丝。若菇棚或发菌室的温度达20℃时，有时只需要3天就可以发现菌袋感染，且短时间内就会长出圆圆白白的近球状链孢霉子实体，用手触碰链孢霉子实体时，往往会有大量粉状孢子洒落，并散发出难闻臭味。链孢霉发生严重时，整个菇棚可闻到浓重的臭味。而在培养良好的正常秀珍菇棚内，闻到的是淡淡的菌丝香味。

【链孢霉菌的防控】 链孢霉主要生长于培养料表面，与秀珍菇争夺营养、水分等。感染链孢霉的因素有多方面，如灭菌不彻底，接种时环境温度偏高、闷热，菌袋口的棉花塞潮湿，菇房内高温高湿、通气不良等都可能会造成链孢霉感染。

预防链孢霉的有效方法：①保证灭菌彻底，避免培养料带菌；②避免形成链孢霉发生的条件，如注意发菌室或菇房的通风换气，调节房内的温湿度，保持空气新鲜；③尽可能在适当低温的条件下接种，外界温度较高时可在环境温度下降到15℃以下的半夜接种，也能大大降低链孢霉的发生概率；④在培养料拌料时，加大轻质碳酸钙用量，一般由原先1%提高到2%，达到提高培养料的pH值，抑制链孢霉的发生；⑤夏天生产时不要添加玉米粉、豆粕等高淀粉、高蛋白类原材料，尽量降低培养基的糖分等，这些措施也可以有效降低链孢霉的发生概率。

在秀珍菇栽培中，尽管链孢霉菌丝长得快，但其消退的也快，由于其主要生长于培养料表面，因此一般不会对秀珍菇的出菇和最终产量产生致命影响，感染链孢霉的菌袋较正常菌袋约减产一茬，产量约减少15%左右。所以在秀珍菇栽培生产中，为降低最终成本，感染的菌袋可以不清理或进行重新制包，将染病菌袋集中管理或任其菌丝自生自灭，待染病菌袋菌丝培养成熟时，与正常菌袋一起进行低温刺激出菇。此外，在栽培秀珍菇过程中注意观察链孢霉的发生，一旦发现新制菌包出现链孢霉感染时，要及时调整下一批次的培养料的 pH 值，麸皮等氮源原料的含量和接种时间及环境条件（主要考虑环境温度）等，尽量避免或减少下一批菌包再感染链孢霉菌。

（三）青霉菌污染

青霉菌适应性强，分布广，广泛存在于各种有机质中，其分生孢子可通过空气传播。青霉菌喜高温高湿环境，其发生的最适温度 24～30℃，空气相对湿度 90% 以上。

青霉菌也能对秀珍菇和榆黄蘑对栽培生产产生污染危害，发病初期的青霉菌丝与食用菌菌丝极为相似，一般很难区分。食用菌培养料面发生青霉污染时，初期菌丝呈白色，菌落一般近圆形至不规则，后期随着分生孢子的大量产生，青霉菌落的颜色逐渐转变为绿色或蓝绿色，因此培养料上也相应地呈现出淡蓝色或淡绿色污染区域，即青霉菌的分生孢子。此外，青霉菌处于生长期的菌落边缘常有一圈 1～2 毫米的白边，菌落扩展较慢。后期老熟菌落则表面常形成一层膜状物覆盖在培养料面上，分泌次级代谢物或毒素导致食用菌菌丝体坏死，从而无法出菇。

在食用菌制种过程中，青霉菌污染严重的会直接致使菌种报废，而发菌期发生严重污染的则会导致出菇不均匀，局部污染严重的料面无法完成出菇。青霉菌暴发时，菌落一般呈蓝绿色。青霉菌分布广泛，多腐生或弱寄生，存在于多种有机物上，产生大量分生孢子，主要通过气流传播途径感染培养料，完成初次浸染。带菌的原、辅料也是生料栽培的重要初浸染来源。一般浸染后产生的分生孢子借助气流、昆虫、人工喷水和管理操作等完成再浸染。高温环境有利于青霉菌暴发，28～30℃条件下最易发生，此条件下分生孢子 1～2 天即能萌发形成白色菌丝，并迅速产生分生孢子再侵染。此外，多数青霉菌喜酸性环境，培养料及使用的覆土呈酸性时，往往容易发病。食用菌长势弱也利于青霉菌的侵染发病，对于生长瘦弱的幼菇或采摘后菇床清洁卫生不及时导致残留菇根均有利于青霉病菌的侵染。

【青霉菌的防控】 可参考前面对木霉菌和链孢霉菌的防控内容。此外，食用菌栽培过程中对栽培场所采取加强通风、降低温度和空气湿度等措施，可有效减少青霉菌危害。对于培养料不同程度感染，如果仅培养料表面染菌的，可选用食用菌栽培专用的灭菌剂水溶液棉球擦掉染菌部位后，再撒少量石灰粉覆盖染菌区域一般便可控制住该区域的进一步感染；如果青霉菌已经深入培养料内的，则防治时应将染病区域的培养料一并剔除，喷洒专用灭菌剂后再对污染区域撒少量石灰粉，防止青霉菌丝继续繁殖蔓延，或者也可以在感染部位喷洒5%的甲醛溶液，以达到杀死青霉菌的分生孢子、防孢子扩散传染的目的。

（四）绿霉菌污染

绿霉菌污染其特点的低温时容易发生，相对于链孢霉来说刚好相反。其病原一般是从栽培的原材料中带来的，也可能是栽培菌种的老化导致的，还有就是第一潮菇开袋口后提前出菇或出菇偏早，此时菌丝没有经过后熟阶段，菌丝还太弱，不强壮，因此易被绿霉菌污染。

一般菌袋发菌培养15天左右，就可以较明显看出是否被绿霉菌感染。感染绿霉菌主要有两种情况：①对于培养期间外观正常的菌袋，开袋后第一潮菇若在出菇时外界的环境温度偏低，菌袋内的菌丝较弱，菌袋的有效积温还未达到，就不容易出菇，而且还可能导致菌袋内的菌丝退化、死亡，然后变绿、软化出现绿霉；②如果栽培生产中使用的菌种老化，菌种生命力弱，易死亡，以此菌种接种极易发生绿霉菌污染，绿霉菌一般以死亡的菌丝体为营养，并最终长成绿霉。

【绿霉菌的防控】 菌袋感染后就意味着不会再出菇，且低温反而更易暴发，因此对秀珍菇和榆黄蘑栽培的危害非常大，一旦暴发意味着绝收。因此其防控处理方法：①选用生命力旺盛的菌种，增强菌丝对杂菌的抵抗力，降低绿霉的发生风险；②保证培养料的灭菌彻底，做好栽培环境的清洁卫生以及消毒工作，接种时按无菌操作规程或尽量控制杂菌污染环节，降低绿霉菌污染的概率；③对早开袋而感染绿霉菌的菌袋，注意记下外界温度，一般在外界温度够高，平均25℃以上时，且菌袋内的有效积温达到要求的情况下才能开袋出菇，千万不能贪早茬菇的销售价格高就提早破袋，影响菌袋的最终产量；④对于已发生绿霉污染的菌袋，直接挑选出来，破袋后与新培养料混合重新制包灭菌，或者把感染绿霉的培养料破袋后曝晒待翌年再使用。

（五）秀珍菇黄菇病

秀珍菇黄菇病，也称黄枯病，常发生在栽培秀珍菇开袋的第一潮子实体上。秀珍菇黄菇病是由于子实体被一种叫假单孢杆菌的细菌侵染，出现变色、腐烂、发臭等症状的细菌性病害。秀珍菇黄菇病发病时菌袋表面常伴随有黏液状的病原菌出现，部分菌丝也会出现泛黄的症状，严重时病菌直接侵害菇体，使受害菇体出现病斑、发黄，乃至死菇，严重影响秀珍菇的产量和质量。健康菇体从感染病菌到表现出症状（或死菇）一般只需要几个小时的时间。从感染后的菇体症状，可区分为以下两种类型：①干腐型，幼菇到成熟期都可能发病，从菌盖边缘表面或者从菌柄开始感染，发病后菇盖或菇柄局部呈现焦黄色，浅色菇因发病而变成黄色菇，菇体生长变缓慢并逐渐僵化，直至整从菇体干缩，类似缺水被晒干一样；②湿腐型，感染菇体出现局部淡黄色斑点，且多从菌盖边缘向内延生扩散，发病部位往往有黏湿感，并产生腐烂，病情严重时，病菇完全呈淡黄色水渍状腐烂，并有黏稠状分泌物，散发出恶臭，使受害菇体出现病斑、发黄、死亡。

发病原因主要有以下几点：①秀珍菇头潮菇往往菌龄相对较短，菇体抗性相对较低，因此黄菇病在秀珍菇头潮菇发生概率大；②出菇房或菇棚通风条件差，温度或高或低，湿度大，喷水频繁等人为制造病菌发生的适宜环境也会导致发病；③管理水平低，未及时清理病菇，害虫危害及人工操作不当等均会造成该病的发生流行；对于旧菇房因连年栽培或种过金针菇后未经彻底消毒，也会导致病原再次侵染发病；④栽培所用的菌种或菌袋质量差，秀珍菇自身抗病能力低下或缺乏抗病力。

秀珍菇黄菇病的病原菌可以通过水、病菇、昆虫、空气、人工操作、土壤及培养料等途径传播，一旦感染，即使使用药物喷施也很难达到根治的目的。因此，对于该病的防控应以预防为主。

【秀珍菇黄菇病防控】

①提高秀珍菇菌孢自身抵抗力，不断增强其抗病能力，以减轻秀珍菇子实体黄菇病的发生。

②实际栽培过程中，可以考虑对要出菇或准备出菇的秀珍菇菌袋喷施无公害食用菌专用肥——菇速素或基因活化剂，可在一定程度上达到提高菌丝抗病能力的功效，并起到增产提质的作用。

③适当增加出菇房或菇棚的通风换气次数，特别对棚与棚之间间隔小、地势低洼的大棚，更要注意加强通风。气温高、无风或下雨天都要进行大通风，防止形成高温高湿的病菌暴发条件。生产实践中，常用大功率电风扇在菇房内吹风，加快其中的空气流动。

④注意喷水用的水质，每次用水，每 50 升水中加入 20～25 克的漂白粉或改进型万消灵 10 克（片），同时注意防止栽培操作过程中的病菌传播。

⑤对于连年栽培的老旧菇房，栽培前应彻底做好清洁消毒工作，栽培过程中也要注意做好菇房的消毒工作，定期使用低毒、无残留农药灭杀害虫，切断昆虫传播途径。无菇或养菌期间可用食用菌专用杀虫剂灭杀昆虫、螨等，以保护菌丝免受虫害危害过程中携带的病原二次感染。

⑥对于发病轻的菌袋，可采用每 50 升水加入万消灵片 24 克

（片）进行治疗，或用25%菌毒先锋800倍液加土霉素治疗，两种方法交替使用效果更好。

（六）秀珍菇萎缩病

在秀珍菇出菇管理阶段，尤其是在菇蕾形成阶段，一旦管理不善，往往出现秀珍菇子实体萎缩现象。这主要是环境因素或栽培管理的不足导致的，属于生理性病害。主要有以下几个原因：①温度变化：秀珍菇出菇管理阶段对栽培环境温度的要求相对稳定。如果环境温度急剧变化，往往会导致秀珍菇幼菇枯萎。如春栽时，夏季到来时栽培温度急剧升高，若没有及时采取通风降温措施，则会出现子实体枯萎现象；或者秋栽时北方冷空气突然到来导致温度急剧下降，若没有采取闭棚保温等措施，也同样会导致秀珍菇枯萎；若出菇期在秋冬时节，气温低、天气干燥，但秀珍菇子实体分化多，对水分需求增加，若不及时增大喷水量或菇房湿度，也会使幼菇缺水凋亡，成熟的菇体也会因缺水而萎缩，更有甚者会影响下一潮菇的转潮出菇。秀珍菇春栽和秋栽时，尤其春末或深秋阶段，昼夜温差相对较大，此时如果栽培场所门窗关闭过严或密封闭棚，或昼夜不关窗或闭棚都容易导致栽培的秀珍菇出现枯萎现象。②二氧化碳含量过高：尤其在冬天或者气温低的时节，栽培人员为了菇房保温而忽视菇房的通风换气，这样就极易导致菇房氧含量不足而二氧化碳浓度过高，使秀珍菇枯萎，成长中的子实体也不再长大，进而萎缩等。③喷水不规范：在低温时节，尤其气温低于10℃以下，相对湿度75%左右时，喷水前应先对菇房进行通风换气操作，使菇房内外温度差异尽可能缩小，再调节喷水温度，尽量与菇房温度相一致。如果喷水的温度过低，也会导致秀珍菇幼菇出现枯萎现象。有条件的地区，可考虑喷施深井水（水温相对高），有利于幼菇的生长。④出菇菌袋摆放密度过大：尤其在春栽秀珍菇，出菇时往往进入夏季高温期，如果菌袋摆放密度过大，菌袋之间发热且散热不便，也会导致秀珍菇幼菇枯萎。

【秀珍菇萎缩病防控】

①注意天气温度变化，尽量避免菇房温度大幅度波动。夏天气温高，尤其南方地区来南风时湿气大，此时应及时采收成熟菇，清理菇脚，并停止喷水，让菌丝恢复生长，南风天减弱，气温稍降再进行正常的喷水管理。冬天气温低，尤其北风来时，空气干燥，如果此时菇房出的小菇较多，则应及时对菇房进行喷水补水，喷水后及时关闭门窗保温，防止因空气相对湿度小，蒸腾作用强烈，消耗菇房或菇体的水分。补水有利于菇房保湿，早晚及时关门窗或闭棚进行保温，中午气温高时进行通风。此外，南方雨季时，尽量少喷水或不喷水，门窗可打开，采收后及时清理菇房并停止喷水，同时可在菇房地面和走道喷施石灰水防止虫害杂菌发生。

②注意菇房通风换气。秀珍菇出菇阶段，生理活动旺盛，需要有充足的氧气供应。因此，低温时节出菇应在菇房保温的同时通风换气，以满足幼菇的发育需求。采收要先通风后再进行，降低菇房内二氧化碳的浓度，以便幼菇生长。通风时也应注意不让风直接吹到幼菇或直吹菇房。

③出菇阶段合理喷水和控温。在秀珍菇转潮之后，幼菇常常密集出现，此时应喷一次重水，同时改善菇房的通气状况，保持空气、湿度和光照正常，促使幼菇粗壮。喷水过程中注意水温与菇房温度的差异，忌喷施温差过大的冷水及直接喷施在幼菇上。夏季出菇时，出菇房菌袋摆放应尽量合理，菌袋之间尽量预留合理的空隙便于通风。

④若秀珍菇幼菇还没长大，菌盖就反卷、发黄，则应考虑菌种退化的问题，这种情况应进行菌种复壮或更换优质菌种。

（七）榆黄蘑畸形病

榆黄蘑子实体畸形，是指子实体呈现珊瑚形状，菌柄长且分叉，结构较松散，部分畸形子实体的柄端膨大，且丛生小菇蕾，但这些小菇蕾均无法形成正常的菌盖，导致榆黄蘑子实体无商品价值。榆黄蘑子实体畸形往往发生在冬季出菇期间，例如，气温低需要对菇房进行保暖时采用了火炉取暖，同时为了保温而遮蔽菇棚或关闭出菇房的门窗，导致菇房光照弱甚至昏暗，加上烧火导致二氧化碳浓度偏高（达 1 200～1 500 微升／升）时，就会出现珊瑚形的畸形菇。目前，人们偏向认为该病主要是由于出菇期间菇房内的二氧化碳浓度过高导致畸形子实体的发生，是一种生理性病害。

【榆黄蘑子实体畸形防控】 主要是在出菇期间增加菇棚或出菇房内的光照，保证充足的散射光线满足子实体发育的需求，每天在温度较高时打开门窗通风，排除过多的二氧化碳，控制二氧化碳浓度，保证出菇场所的空气新鲜，以满足子实体的正常发育需求。对于烧火炉加温的，应尤其注意通风换气，保证出菇场所的二氧化碳浓度不超标。

（八）药害中毒

在食用菌栽培过程中，对菇房或菇床使用杀虫剂如敌杀死、敌敌畏或敌百虫等，用量过多或喷施浓度过大时引起的食用菌子实体畸形、幼菇柄部膨胀变形不形成菌盖或菌丝根本不出菇的现象被称为药害中毒。药害中毒主要是由杀虫剂这一类化学药剂造成的。此外，还有部分种类的杀虫剂在食用菌出菇期时使用极易发生药害，如敌敌畏，常常表现为子实体呈棒状，菌盖不能正常发育，或菌盖边缘出现一条黑边、翻卷，严重时造成食用菌子实体死亡，如平菇、秀珍菇等侧耳类食用菌在出菇期喷施敌敌畏极易造成死菇。

【药害中毒防控】

①注意杀虫剂使用的时期，出菇房的虫害防治可以在养菌完成并转移到出菇房之前完成，这样可以有效避免出菇期间喷药杀

虫而出现药害中毒现象。如敌敌畏的残效期较短，一般 3 天左右即可分解成无毒物质，具有降解快的特点。秀珍菇和榆黄蘑栽培过程中，也可以使用敌敌畏进行害虫防治，但一定要特别注意使用的时期和剂量。

②如果出菇期间虫害严重需要喷施杀虫剂时，一定要严格控制使用剂量，严格按照说明书的操作进行剂量配制与喷施。可在一潮菇采收完成的间隙进行喷药防治，尽可能降低药害的发生；

③如果子实体出现明显的药害中毒症状，首先应采用清水反复喷施中毒的子实体，尽可能降低药剂浓度，再视情况进行下一步操作；如果覆土菌棒发生药害，首先要及时清除菇棒上的覆土，再用清水反复冲洗菌棒表面，尽量降低药剂的浓度，然后再给冲洗后的菌棒覆盖新的土层，这样覆土菌棒即可恢复正常生长。

（九）培养料酸腐病

培养料酸腐是由细菌引起的一种细菌性病害，其直接后果是引起培养料的酸败、腐烂发臭，进而影响食用菌菌丝的萌发或生长，严重影响食用菌的生产。培养料的酸腐多发生在生料栽培的过程中，发病原因有：①采用生料栽培时对培养料的含水量把握不足或所用的菌袋透气性能差等原因，导致培养料的含水量过高（超过 65%）或菌袋太厚透气不良等，在菌袋内造成适宜细菌繁殖的条件；②栽培场所通风差，栽培环境高温、高湿等的环境条件进一步加剧细菌的繁殖；③栽培使用的菌种本身携带有细菌，遇上菇房通风不够，且栽培环境持续高温高湿，也极易造成细菌大量繁殖导致培养料酸败。

对于前两种情况，其预防措施可以在拌料时加入 3%～4% 的石灰水（提高培养料的 pH 值），搅拌均匀，拌好的培养料含水量控制在 60% 左右，对于袋栽出菇的则要选用厚度适宜的菌袋，或者在栽培过程中注意栽培环境的通风、降温除湿等操作，便可预防培养料酸腐病害的发生。对于菌种带菌的情况，除严格菌种的选用，选择优良无杂菌的菌种进行生产外，栽培过程中也要注意避免营造适宜细菌繁殖的高温、高湿环境。

（十）其他栽培问题

1. 发菌不良　栽培养菌过程中出现发菌不良现象，表现为①菌丝萌发慢或者不萌发，生长缓慢，或者萌发的菌丝生长到一定程度就停止生长；②萌发的菌丝长势弱，菌丝生长稀疏且松散。

原因及处理：第一种情况主要是由于培养料的含水过大，导致菌袋透气性差，直接影响菌丝萌发或生长，这种情况往往容易滋生大量的厌氧细菌，导致培养料酸腐；打开菌袋口或揭开菇床覆膜往往可以闻到较强的酸臭气味。处理方法是打开菌袋口或对菌袋壁上多开气孔透气，以便增加袋内培养料的含氧量，同时降低培养料的含水量。第二种情况往往是由于栽培使用的菌种本身携带有细菌或病毒，或者菌种本身的活力就弱，发菌期间通风不够，且持续高温、高湿，打开菌袋口也会有恶臭味，处理方法除了加强通风、降温及排湿等措施外，还要适当延长发菌时间以便发菌充分，并推迟进行出菇刺激的操作。在食用菌栽培中，如果是菌种的问题，后期则往往很难进行补救，因此选好菌种对于获得优质高产是食用菌生产的基础。

2. 出菇推迟　在食用菌栽培过程中，有时会遇到菌丝经过养菌期的发菌培养已经长满菌袋或菇床，但没有按照预定的出菇时间进行分化出菇。

原因可能有以下两个方面：①菌袋或菇床完成发菌后，由于菌丝的发育生长导致菌袋或菇床上的培养料中的含水量不足，或者喷水时未满足菌丝出菇需要的水量，一般出菇的培养料中适宜的含水量要达到70%左右，若培养料含水量低于这个标准则需要延长菌丝培养或向者向料面喷一次重水。②可能是通风不良，生长环境不适宜菌丝分化出菇，还有可能是光照不足，原基分化也需要一定的散射光刺激，因此可通过增加菇房或菇棚的通风量，适当增加散射光来解决。

3. 死菇 死菇是食用菌栽培中最常见的问题，特别是旧菇房。造成死菇的原因较复杂，既有病害的原因也有栽培管理不善的原因：①水分过大导致幼菇呈水渍状，后期子实体发黄腐烂，用手轻轻一捏，子实体就有明显的水滴出现。造成这种现象的原因主要是幼菇生长发育期间过多喷水而又未及时通风，导致幼菇水分饱和后缺氧窒息而死；菇房内喷水过重且不及时通风，极易造成幼菇死亡。因此，出菇期间的水分管理一定要本着幼菇少喷或不喷，喷水后要及时通风，改善室内湿度条件；尤其在大棚种植时，应该充分协调好水分跟通风之间的关系。②水分不足导致的死菇，如幼菇皱缩、干黄，子实体含水量明显不足。这种情况主要是栽培环境或培养料的湿度不够所致，培养料含水量过低，或通风过程中子实体遇风直吹，或室内空气相对湿度过低，或阳光直射蒸腾作强烈等原因都可以导致子实体水分不足，严重时发生死菇现象。因此，应加强出菇期的水分管理，满足子实体不同生长发育阶段对水分的需求。③环境气温的急剧变化也会导致死菇的发生。如在幼菇的生长发育阶段，如果突遇降温幅度大的气象条件，同时在菇房或菇棚通风的过程中未注意采取保温或遮挡措施导致冷风直吹子实体，极易使幼菇死亡。因此，在极端天气下，尤其是大幅降温天气时，避免栽培场所温差过大，通风时避免冷空气直吹床架或菌袋，可有效避免极端天气下死菇的发生。④细菌感染导致的子实体蔫软、腐烂，主要症状表现为细菌感染的幼菇生长缓慢，表面变黄渐至水渍状，继而表面变黏最终子实体腐烂死亡，尤其在连年生产的老旧菇房的二潮菇常见，其原因主要是菇房的清洁卫生、杀虫灭菌等操作不彻底，而且细菌感染一旦发生往往很难有效治愈。

4. 菌丝疯长 主要症状表现为表层气生菌丝生长速度快、浓密，影响正常出菇。造成菌丝疯长的原因主要是出菇房的空气湿度大，通风不良。因此，如果栽培过程中发现菌丝疯长迹象时应及时加强通风，降低湿度。

5. 子实体褐斑病　主要危害秀珍菇的正常生长，在秀珍菇栽培过程中，其症状表现为子实体表面产生白色茸毛状菌丝，出现褐色斑点，后期菌盖萎缩、干裂，影响生产的秀珍菇品质和商品性，严重时导致绝收。褐斑病主要是由菇房通风不良、湿度过大引起的。因此，如果在出菇管理过程中发现有褐斑病症状时，应及时加强通风，降低湿度，发病菌袋或菇丛可喷 500 倍多菌灵液进行防治。

6. 鬼伞菌污染　有时培养料质量差、pH 值偏高，且栽培环境通风不良、温度偏高时容易发生鬼伞菌污染。因此，对于鬼伞菌污染的防控主要针对上述原因采取适当的措施。如果菇床或培养料已经发生鬼伞菌，应及时拔除，拔除后再用 5% 石灰水喷施感染区。

三、常见虫害与防控

（一）菇　蚊

菇蚊的种类主要有菌蚊科的多菌蚊、中华多菌蚊和中华新蕈蚊等，眼蕈蚊科的平菇厉眼蕈蚊、闽菇迟眼蕈蚊等和瘿蚊科嗜菇瘿蚊、异翅瘿蚊等，主要以幼虫危害栽培食用菌，因此也被称为菇蛆。

①菌蚊科幼虫蛆状，如中华多菌蚊危害的幼虫黄白色，头部黄色，老熟后体长 10～16 毫米，成虫头部褐色，虫体黄褐色，体长 5～6 毫米。菌蚊最适生长温度为 15～25℃，11—12 月份和 3—6 月份是多菌蚊的繁殖高峰期。在食物丰富和温度适宜条件下，成虫产卵量可达 250 粒，18～26℃卵期 3～5 天、孵化期 7～10 天、幼虫 4～5 龄，以蛹的形式越夏。冬季栽培大棚内幼

虫正常取食，无明显越冬期。

多菌蚊尤其喜食秀珍菇菌丝，钻蛀幼嫩子实体，造成菇蕾萎缩死亡。危害时初孵幼虫群集于湿度较大的腐烂的培养料内，随着虫龄增长渐向培养料内部和子实体内部钻蛀，吃掉培养料中的菌丝体或钻蛀幼嫩子实体，造成无法出菇或菇蕾萎缩死亡。老熟幼虫则爬出料面或子实体结茧化蛹。此外，成虫也会携有螨虫或其他病原物，往往造成多种病害同时发生。

②眼蕈蚊科的平菇厉眼蕈蚊、闽菇迟眼蕈蚊主要在南方地区的食用菌栽培场所危害。闽菇迟眼蕈蚊在福建地区的漳州、龙海及莆田等区域发生较多，危害也较重。幼虫蛆状，初孵化体长约 0.6 毫米，成熟后 6～8 毫米，乳白色，头部黑色，近圆筒状。温度低于 13℃时，幼虫活动缓慢，当温度在 16～26℃时，幼虫活跃，大量繁殖。在此条件下，幼虫期 10～15 天、蛹期 4～5 天、成虫期 3～4 天、卵期 6～7 天、产卵量 100～300 粒。该虫害类群通常以蛹或卵的形式越夏，以蛹或幼虫的形式越冬。

危害时以幼虫咬食菌丝、原基和子实体，被害后造成菌丝凋亡退菌、原基消失、菇蕾萎缩，啃食的子实体出现缺口和蛀洞等症状。被害部位颜色变黑，菇体呈现黏糊状，继而并发感染各种病原物，造成菇袋污染报废。

③瘿蚊科的嗜菇瘿蚊、异翅瘿蚊等成虫极小，长 1.1 毫米左右，头部小，头胸部黑色，腹部及足部橘红色。幼虫蛆状，白色，分有性繁殖和无性繁殖，有性繁殖孵化的幼虫白色，体长 0.2～0.3 毫米；无性繁殖幼虫略淡黄色，体长 1.3～1.5 毫米；老熟幼虫体长 2.3～2.5 毫米，橘红色或淡黄色。当温度在 5℃以下时，瘿蚊以幼虫的形式在栽培料中休眠越冬；在 30℃以上时，以蛹的形式越夏。在温度 5～25℃时，瘿蚊能通过取食菌丝和菇体并以母体繁殖，3～5 天即可繁殖一代，期间虫口数量暴增，短时间内在菇床的料面和菇体中出现大量橘红色的虫体。干燥时，虫体密集结成球状以便生存。直到环境合适时，球体解散，

存活的幼虫则继续繁殖。幼虫喜潮湿环境，可于湿润的培养基上爬行，若遇干燥则虫体迅速失水死亡。此外，幼虫可用自身卷曲的弹力进行迁移。环境适宜条件下，卵期4～7天，幼虫期12～15天，蛹期3～7天。

瘿蚊危害期主要在秋、冬、春季的中低温时期，以幼虫侵害多种食用菌菌丝和子实体。在食物来源丰富时，瘿蚊以幼虫繁殖，短时间内即在培养料和子实体的菌褶内爬满幼虫。幼虫取食菌丝和菇体，而带虫的商品菇其品质明显降低，甚至报废。瘿蚊幼虫同时也会携带其他致病菌等杂菌，而幼虫取食造成的伤口则成为杂菌侵入的突破口，造成交叉感染。

【防　控】在秀珍菇和榆黄蘑栽培过程中，对菇蚊的防控要做到及早发现，及时防治。菇蚊危害主要在出菇初期，此时菇蚊个体数量、虫口密度等均相对较易控制，如果早期防控不力会导致中后期菇蚊量较多，严重影响出菇甚至绝收。具体生产实践中，对于菇蚊的具体防控措施主要如下。

①选择合适的栽培季节与场所，尽可能把栽培的出菇期与菌蚊的活动期错开，同时选择清洁、干燥、向阳，周围无水塘、积水和腐烂堆积物的栽培场所，这样可以有效减少菌蚊寄生场所，减少虫源。

②尝试进行多种食用菌轮作，切断菌蚊的食物来源。在多菌蚊的高发期，如10—12月份和3—6月份，选用多菌蚊不喜取食的菇类栽培生产，如香菇、鲍鱼菇和猴头菇等。如此轮作两季，可明显减少甚至消灭虫源。

③尽量保证培养料消毒彻底，减少发菌期菌蚊繁殖量。秀珍菇和榆黄蘑生料栽培时易感染菌蚊，应对培养料和覆土进行药剂处理，做到发菌时无虫、出菇时少虫，减少农药使用或不打农药。

④发现羽化期成虫的栽培场地，应考虑采用物理方法诱杀成虫。成虫羽化期，在菇房上部悬挂诱虫灯诱杀成虫，诱虫灯以间

隔10米距离为佳，开灯从傍晚至第二天早上，该法可有效减少虫口数量。无电源的菇棚可将黄色的粘虫板悬挂于菇袋上方，待粘虫板粘满成虫后再换新板。

⑤进行药剂防控时应慎重对待，力求对症下药。在出菇期密切观察料中虫害发生动态，当发现袋口或料面有少量菌蚊成虫活动时，结合出菇情况及时用药，力求将外来虫源或栽培场地内的始发虫源灭绝，或能保证当季生产不受虫害。施药时应注意在用药前将能采摘的菇体全部采收，并停止浇水一天。如遇成虫羽化期，则要多次用药。选择对人和环境安全的药剂，如菇净（4.3%高氟氯氰·甲阿维乳油）、菇虫净、Bt（苏云金杆菌）、甲胺基阿维菌素等低毒农药，并严格按照用药说明进行用药。

（二）菇　蝇

菇蝇的种类主要有蚤蝇科的短脉异蚤蝇、蝇科的家蝇和果蝇科黑腹果蝇等，同菇蚊一样，主要以幼虫危害栽培食用菌，因此有时与菇蚊统称为菇蛆。

①蚤蝇科的短脉异蚤蝇耐高温，尤其在有保温设施的食用菌大棚栽培条件下，春季的3月中旬、棚内温度达15℃以上时，即开始出现第一代成虫。成虫不善飞行，但活动迅速，善于跳跃，在出菇的菌袋口上产卵。7～10天幼虫出现，幼虫以菌丝为食，钻蛀菌袋取食。在15～25℃，35～40天繁殖一代。在30～35℃时，20～25天繁殖一代。幼虫期7～10天，老熟后钻出袋口，在培养基表面、袋壁和菇柄上化蛹。环境条件合适时，蛹期5～7天，成虫期5～8天，卵期3～4天，以蛹的形式在土缝和菌袋中越冬。

蚤蝇的活跃期较长，3—11月份均可危害，并且世代重叠，高温平菇、秀珍菇、草菇、蘑菇和鸡腿菇等都是蚤蝇的取食对象，尤其是平菇和秀珍菇，在发菌期易遭幼虫蛀食，菌袋内菌丝往往被蛀食一空，只剩下黑色的培养基，使整个菌袋或菌包报废；若开袋后遭蚤蝇危害，则往往只长第一潮菇之后菌袋报废。蚤蝇只蛀食新鲜的富含营养的菌丝，长过菇的菌丝或菌索尚未发现有被危害现象。华东一代栽培的平菇，夏秋季蚤蝇危害严重，常常是几个大棚连遭危害，不得不停产转移。蚤蝇不仅喜食平菇菌丝，还蛀食其原基和菇柄。在高温蘑菇出菇期间，蚤蝇钻蛀菇体，从菇柄基部蛀入，并向菇盖中心转移，造成菇体中空失去其商品性或使子实体萎缩、干枯失水而死亡。

②蝇科的家蝇多生活在垃圾或有机质丰富的地方，成蝇一般把卵产在适宜的基质内，卵在其内孵化；35℃下，一般经过 4 天左右发育成熟，蛆发育完成后，爬到比较干燥的环境中化蛹并羽化为成蝇。成蝇活动受温度的影响很大，当气温上升至15℃以上，成虫开始活动；25～35℃为最适温度，世代周期仅 10～15 天。

家蝇危害主要在培养料堆积发酵期间，家蝇成虫产卵于堆料中，幼虫孵化后群集于料面取食。家蝇在条件适宜时也会危害秀珍菇和榆黄蘑。夏季栽培时，培养料拌料或装袋期间，如料内放入糖分物质和麸皮等，也会吸引大量的家蝇成虫取食和产卵，家蝇也会钻入菌种瓶内产卵危害。

③果蝇科的黑腹果蝇是一种原产于热带或亚热带的蝇种，其生活史短，繁殖力强，一年可繁殖多代，且其适温范围广，成虫在 10～30℃均可繁殖产卵；30℃以上则会导致成虫不育或死亡。卵的发育受环境温度影响较大，温度太高或太低都会影响发育速度。成虫趋光性强，喜在烂菇、发酵物上取食和产卵。主要以幼虫危害，幼虫老熟后则爬至较干燥的地方或菇包的壁上化蛹。

栽培的秀珍菇或榆黄蘑遇病害腐烂时，往往并发黑腹果蝇危害。幼虫危害子实体时先侵入菌柄，然后逐渐向菌盖转移，蛀出无数小孔，引起子实体萎缩或腐烂。同时，幼虫还会取食菌丝和培养料，往往导致杂菌污染，引起菌包或菌棒腐烂及其他并发症状。

蝇蛆发生时，可适当停水，让床面干燥，使幼虫因缺水死亡。对成虫可用味精5克、白糖25克、敌敌畏0.25毫升、水1000毫升，混合后诱杀。

【防 控】 可参考菇蚊的防控措施。

①栽培场所应远离垃圾场、果园等菇蝇寄居场所，减少菇蝇的来源。

②发酵料应及时翻堆和二次发酵，利用发酵高温杀死虫卵，或在培养料中加入25%除虫脲4000倍液；或高温期拌料时，不加入糖分含量高的物质；此外，及时清除废料，对于虫源多的废料要及时运往远处晒干或烧毁处理，防止虫卵繁殖危害。

③发菌室宜封闭，或安装纱窗（60目为宜）、纱门等，有条件的可安装空调控温、遮光，防止家蝇或果蝇等趋光飞入产卵危害。发病菌袋应与出菇菌袋隔离，以免成虫趋向正常出菇菌袋产卵危害，虫口密度大的菌袋或考虑及时回锅灭菌后再重新接种，以降低虫害损失。

④发现袋口或菇床表面有成虫活动，数量少时可考虑粘蝇板或诱虫灯等物理防治措施；数量多时，则应及时喷药防治，选择能杀死成虫的药剂，如菇净或高效氯氰菊酯，或可将菌袋浸泡于2000倍的菇净药液中24小时，可杀死料内幼虫。在无菇期间，可喷施菇净驱赶或灭杀成虫。

（三）跳 虫

跳虫的主要特征是体形微小，一般在1.5毫米左右，最大者也在5毫米以下，因此隐蔽性较强。栽培场所或菇棚内阴暗、潮湿的环境、丰富的菌丝及蘑菇子实体等是跳虫繁衍生息的最佳条件。跳虫从幼虫到成虫均可危害，在长江中下游区域，一年可以发生6～7代，以成虫、若虫越冬。该虫多于夏秋季节发生危害，15℃以上条件即可存活，气温达22℃时渐趋活跃，并随之繁殖扩大。此外，跳虫的寿命相对较长，多数种类能存活半年左右，长的能达到一年。

跳虫取食菌丝，导致菇床菌丝凋亡退菌；危害子实体时，跳虫往往群集取食危害菇盖、菌褶和根部，危害状包括菌盖布满褐斑、凹点或孔道。跳虫危害时还易造成并发病害的发生，其排泄物污染子实体的同时可引发细菌性病害。阴暗潮湿、腐殖质丰富的地方易发生跳虫危害。因此，高温栽培的食用菌种类，尤其是畦床式地栽菇床，跳虫发生概率大，暴发时菌丝被危害殆尽，可导致栽培失败。

【防　控】 对于跳虫的防控，主要包括以下几点。

①保持栽培场所的清洁并做好消毒工作。尤其在跳虫活跃季节栽培时，除要做好栽培场所和菇房的清洁，还要将周边环境的杂草、垃圾等清除，消毒则可用硫黄熏蒸菇棚或菇房。

②培养料应高温处理或进行高温灭菌。发酵料发酵时可进行二次发酵，以杀死培养料中的虫卵。

③发菌和出菇时的跳虫防治，可通过在培养料和覆土中拌入除虫脲（用量使用按照用药说明进行）进行。培养料中用药可防治培养料发酵时和发菌期的跳虫危害；在覆土中用药可防治出菇期的害虫，但应注意药剂残留。出菇期发现跳虫危害时，可以在当潮菇采收玩后进行药剂处理，如在菌袋或菇床补水时，将甲基阿维菌素（用量按使用说明进行）混入水中可达到防治目的。

（四）蛾　类

①谷蛾科的食丝谷蛾，又被称作蛀枝虫。食丝谷蛾在长江中下游地区一年可发生2代，以幼虫越冬，第二年3月份气温回升，越冬幼虫开始活动，4月下旬开始化蛹，5月中下旬第一代即羽化成虫。此后，成虫产卵孵化幼虫危害。7—8月份第二代成虫出现，8—10月份则为第二代幼虫危害高峰期，此后11月份气温下降至10℃左右，幼虫停止取食危害，进入越冬期。食丝谷蛾成虫体色灰白相间，触角丝状，前翅具灰白色鳞片，并形成3条灰黄色带纹。老熟幼虫长20毫米左右，青黄色，头部棕黑色，

每侧具6个白色单眼，触角褐色。

食丝谷蛾危害食用菌时，蛀入菌袋取食培养基和菌丝，形成隧道，并将排泄物覆于隧道内壁，形成一条条黑色的蛀食通道，严重降低子实体的产量及品质。幼虫常聚集在出菇部位危害，致使原基和菇蕾被蛀空，而无法出菇，且随之而来的排泄物污染会进一步引发杂菌污染等，对食用菌产量造成巨大损失。

②夜蛾科的星狄夜蛾，是危害灵芝、平菇、凤尾菇、秀珍菇、草菇、蘑菇、香菇和木耳等食用菌的重要害虫之一，在我国食用菌产区发生较普遍。星狄夜蛾在福州地区一年可发生5～6代，以蛹越冬，第二年4月份羽化成虫。成虫暗褐色（雌虫）或紫黑褐色（雄虫），具较强的趋光性，并对糖醋液和花粉有趋性。成虫产卵于培养料和菌盖上，孵化后以幼虫危害。幼虫5龄，一般3龄后食量暴增进入危害高峰期，老熟幼虫长25～30毫米，头部黑褐色，具光泽，侧眼黑褐色，头部两侧淡黄色，躯干两侧具6个淡黄斑。

星狄夜蛾杂食性强，可危害多种食用菌。幼虫危害平菇、秀珍菇或凤尾菇时，将子实体蛀食缺刻、孔洞，并排泄粪便污染造成并发病害。在无子实体取食时，幼虫则危害菌丝和原基，造成菌袋或菇床无法正常出菇。夜蛾幼虫喜高温，在温度30～37℃的大棚环境下也能正常取食危害，因此夜蛾常在7—10月份暴发，对高温期栽培的食用菌造成严重损失。

③螟蛾科的印度螟蛾是贮粮的主要害虫之一，对贮藏期的各种食用菌干品也危害较大，同时其也能危害栽培中的平菇、蘑菇、香菇和金针菇等。印度螟蛾在长江中下游地区一年可发生5代左右，以幼虫在室内越冬，第二年的4—5月份化蛹、羽化，世代重叠严重。成虫体长约10毫米，头部灰褐色，前翅狭长，靠近头部黄白色，后半部亮棕褐色并带有铜色光泽。后翅灰白色，近半透明。老熟幼虫淡黄白色，头部黄褐色，腹部背面略带淡粉红色。

螟蛾危害时，以幼虫蛀食多种食用菌干品，造成菇体缺刻、孔洞、破碎和褐变，且排泄物导致贮藏的食用菌干品充满异味或发臭。危害栽培中的食用菌时，则以成虫产卵在菌盖或菌褶上，幼虫孵化后蛀食菌盖或钻入菌褶危害。

【防　控】 害蛾类的防控可参考菇蚊、菇蝇的防控措施，并注意以下几点。

①做好栽培环境的清洁卫生，及时清除越冬期的废弃菌袋，消灭越冬虫源。注意控制发菌丝和出菇室的光照，防止蛾类的趋光性进入危害。

②在谷蛾、夜蛾和螟蛾危害时期，要常检查菇体背面，量少时进行人工捕捉。也可利用成虫对糖醋液的趋性，在栽培场所放置混有杀虫试剂的糖醋液，对成虫进行诱杀，以减少成虫产卵概率。糖醋液配制一般用糖：醋：酒为 1∶0.5∶1.5，杀虫剂可用敌百虫 0.3 份、水 8～10 份配制而成。

③药剂防治应掌握好成虫羽化其和幼虫孵化期这两个阶段，提高杀虫效果，尽量切断其世代循环，获得较好的防治效果。从羽化或孵化的初期至末期的半个月内，用药 2～4 次，可较好地控制当代成虫、幼虫的数量，进而减少下一代虫源，降低害蛾的危害程度。

④对于螟蛾危害子实体干品，尤其是榆黄蘑采收后若不能及时出售，则应将子实体及时烘干包装，烘干温度控制在 50～65℃，5～7 小时可将虫卵杀死，烘干后的干品应及时装入密封的容器中，防潮的同时可防止成虫进入产卵。贮藏期发现虫害时，可将干品再次烘干或置于低温（零下 5℃）冰箱中冷冻 7～10 天，可达到杀灭虫害的效果。

（五）螨　类

危害食用菌的螨虫种类繁多，其虫源渠道也较多，成虫常寄居于菇棚或菇房内边角的缝隙、立柱缝隙以及支架的竹木等裂缝中。此外，也可通过各种生产工具进入生产场所，有时还可通过菌种（主要是三级种）相互传播。螨虫体小，往往聚集危害。螨类喜湿，卵在空气相对湿度70%以上时才能孵化，我国螨害盛发期多发生在梅雨季节。螨虫繁殖速度极快，有的甚至能幼体生殖。在环境温度为20～30℃条件下，其完成一代的生育期仅需8天左右，个别种类甚至仅需3天即可完成一代。螨虫种类不同，有些螨虫需经过卵、幼螨、若螨、成螨等生长发育阶段，有的种类则只有卵和成螨之分，因为它们的卵可直接在母体内发育为成螨，然后破体而出。当生存条件不适，或无菌丝、子实体可食时，则可吸附于工具、人体甚至其他虫类活体上，借机转移至适宜场所，继续其生存和繁殖。

螨类危害时，并不直接取食菌丝，而是以口器刺吸菌丝或子实体内的汁液，往往导致接种后菌丝不萌发，或菌丝体凋亡消退，培养基潮湿、松散，只剩下菌索，菌袋失去出菇能力；在子实体阶段则易引起菇蕾死亡、子实体萎缩或畸形，严重影响食用菌产量和品质。此外，螨虫还携带各种病原，导致各种并发病害。

【防　控】 由于螨虫的传播途径繁多，因此在防控螨虫的过程中，应重点关注阻断其可能的传播途径。

①种源带螨是导致菇房螨害暴发的主要原因，因此首先要选用无螨菌种，从源头保证菌种质量，选择有正规菌种生产资质的菌种厂购买菌种。

②培养料进行二次发酵，利用发酵的高温杀灭培养基中的螨虫，栽培场所及栽培设施（木质结构）等做好清洁、消毒、灭杀螨源，减少螨虫滋生场所。

③药剂防治选用安全高效杀螨剂，同时掌握好用药时机。出菇期用药应在子实体采收后再进行。

（六）蛞蝓、蜗牛

蛞蝓属蛞蝓科，又名鼻涕虫，体柔软而无外壳，呈不规则的圆柱形。蜗牛属蜗牛科，具螺旋形贝壳。这两类害虫可以危害多种食用菌，咬食原基和菇体，造成孔洞和缺刻，而且爬行时会留下黏液，严重影响子实体的商品价值。此外，蛞蝓和蜗牛往往会携带其他病原物，危害过程中病原物从伤口侵入，传播病害引发多种病害。

对蛞蝓和蜗牛的防控主要是在蛞蝓和蜗牛取食期间，进行人工捕捉灭杀；也可对蛞蝓和蜗牛躲藏区域喷洒5%的食盐水或5%的碱水或直接撒石灰驱杀。

（七）其他虫害

1. 线虫危害　在秀珍菇和榆黄蘑栽培中，尤其在菌袋地栽覆土模式中，线虫危害也相对较多。线虫在培养料中较少，主要在覆土层较普遍。

线虫危害菌丝体后往往造成菌丝体退菌、消失，幼菇受害后萎缩死亡。对于脱袋出菇的，菌棒受线虫危害严重时会导致菌棒松散而报废。同时其排泄物也是多种腐生细菌的营养来源，并发的腐生细菌使被线虫危害过得基质腐烂并散发出一种腥臭味。由于线虫虫体微小，肉眼无法直接观察到，线虫病害也常被误认为是杂菌感染或是高温烧菌所致。

线虫在堆肥、土壤及不洁净的水体（线虫卵）中普遍存在，因此对于其防控主要是预防为主，综合防治。①营造不适宜线虫生活的环境，如适当降低栽培环境的空气湿度或培养料内的水分含量。②选用洁净水（流动的河水、井水）拌料和浇水。③栽培料进行高温堆制二次发酵，杀死线虫及虫卵。④对覆土原料土壤进行杀虫处理。⑤使用杀虫剂进行药剂防治。

2. 白蚁危害　白蚁危害面广，在长江地区以及华南地区栽培食用菌也会遭到白蚁危害。白蚁蛀食多种段木栽培的食用菌和覆土及地面出菇的食用菌菌袋。白蚁蛀食排放与地面或畦床覆土出菇的秀珍菇或榆黄蘑菌棒，将菌棒蛀成隧道和不规则的孔洞，严重时整个菌袋被蛀空，菌棒完全报废，最终导致严重的生产损失。

对于白蚁的防控，主要有①栽培场所选用无蚁源的区域。②对于蚁区的栽培场所或菇棚，可在四周挖一条防蚁沟，深约0.5米，宽0.4米，灌水以切断白蚁侵害途径。③发现白蚁时，可用专用的白蚁药进行驱杀，但注意用药时机避免采收的菇体药剂残留超标。

3. 老鼠危害 老鼠在食用菌菌种生产和菌袋发菌期间，如果防护不严也会造成严重损害。尤其是以麦粒做菌种的发菌期间，老鼠为取食麦粒能弄掉瓶口棉塞或咬破菌袋，同时由于老鼠携带多种病原，往往会导致老鼠危害后并发杂菌污染而导致菌种报废。在畦床中覆土栽培的榆黄蘑，老鼠通过打洞钻入培养料中，危害菌丝和原基，传播病害，导致畦床损毁，严重时甚至绝收。

对害鼠的防控除保持栽培场所清洁外，发菌室、菇房或菇棚要有能封闭的门窗等，防止老鼠侵入危害；养猫防鼠；禁止在培养料上投放毒鼠药，以免造成子实体药效残留引发二次中毒。

四、病虫害的综合防控

食用菌病虫害的防治与植物病害防治策略基本一致：预防为主，综合防治，突出绿色防控策略，主要采取栽培措施、物理防治和生物防治等方法，对化学防治尤其是农药的使用持谨慎态度，严禁滥用农药，确保生态安全与食用菌产品的质量安全。

（一）栽培措施防控

栽培措施防控是综合各种栽培技术和管理措施，营造一种适合食用菌生长发育而不利于病害发生的环境，从而达到防控或减轻病害发生的防治方法。该防治方法与栽培原料、场所、模式及具体的管理措施密切相关，因此要做好这些方面工作。

1. 栽培场所的选择　无论是新建菇房还是出菇大棚，除了考虑温度、光照和湿度等条件，应尽量避开病虫害滋生地，如白蚁活动的区域、垃圾场附近或不流动的池塘水源地附近等，尽量选择良好的栽培场地。

2. 栽培原料及生产资料选择　培养料的质量要符合要求，不能采用被雨淋过的、霉烂的原料，禁止使用假石膏、假麸皮等原材料影响菌丝体和子实体生长。菌袋或栽培瓶应选择耐用、质量优良的产品，避免栽培使用过程中的破损、变形等导致病害的侵入。

3. 做好栽培过程中的清洁消毒　包括栽培场所的清洁卫生，及时清除废弃菌渣、覆土材料、病菇、感染菌袋及各种生产垃圾，并对栽培场所进行消毒处理；对栽培原料的彻底灭菌或充分发酵、覆土材料彻底消毒都有助于防控病虫害的发生。

4. 选用抗病虫品种和优良菌种、改善菇房生产设施及改进栽培管理技术　尽量选用抗病虫的优良品种，避免菌种带菌或虫等，避免使用不合格菌种；改善生产设施安装环境控制设备，进而实现对温度、湿度和通风等的调控，避免高温烧菌；改进管理技术包括喷水采用微喷设施进行，避免浇灌时水滴溅射传播病原物。南方地区栽培场所可与其他粮食作物实行轮作，阻断病虫害世代循环，减轻病虫害的发生。

（二）物理措施防控

物理防控方法顾名思义就是采用利用物理因子，如光、电、温度、颜色、紫外线、红外线辐射等对食用菌病虫害进行防控的方法。

1. 温度调控　除高温灭菌外，还有培养料发酵，堆制保持料温 60℃以上一段时间，可以有效灭杀培养料中的大量病原物和虫害（卵）；通过对食用菌干品（香菇、木耳等）曝晒，灭杀其中的害虫；贮藏期的食用菌干品，发现有虫害发生时可将其置于冷库或冰箱中，利用低温灭杀害虫。

2. 诱虫灯或诱虫板诱杀 在栽培场所或出菇房设置黑光灯等诱虫灯，利用害虫的趋光性诱杀菇蚊、谷蛾等害虫；设置特定颜色的黏虫板，利用害虫对颜色的趋性进行诱杀，如蓟马对蓝色有趋性，可用蓝色板进行诱杀，菇蚊、菇蝇对黄色趋性强，可在出菇房或菇棚中悬挂黄色粘虫板诱杀成虫。

3. 紫外灯、臭氧发生器等灭菌、驱虫 紫外线照射可以达到灭菌效果，但一般只在对栽培准备阶段使用，如对接种室进行紫外照射灭菌等；臭氧因其强氧化性，而具有广谱高效的杀菌作用，因此也可用于接种室、培养室和出菇房等场所的空气消毒；而且作为一种有气味的气体，可以驱除对气味敏感的小动物和害虫，如害鼠、蟑螂等害虫。

4. 物理阻隔法 通过对菇房门窗安装细目的纱窗、出菇棚配制防虫网等物理阻隔措施，防止菇蚊、菇蝇、谷蛾等害虫进入，减轻虫害的发生；菌袋或菌瓶发菌培养时，扎紧袋口或盖紧瓶盖，也可有效阻止害虫进入危害。

5. 人工捕杀防控 根据害虫的生活习性，直接进行人工捕杀，如捕杀蛞蝓、蜗牛、谷蛾幼虫、段木中的天牛幼虫等。

（三）生物技术防控

生物防治即利用害虫天敌、病原微生物及其代谢产物来防治病虫害的方法。害虫天敌包括捕食性和寄生性动物，通过有目的性的培养和释放害虫天敌，进而达到消灭害虫的目的。此外，用病毒感染食用菌病原物（如细菌性病害），降低其致病力或用拮抗菌抑制病原菌的生长繁殖，都属于病害生物防治技术。还有利用病原微生物及其代谢物防控害虫，包括细菌、真菌、病毒等害虫病原微生物。基于害虫天敌和病原微生物，可以将食用菌病虫害生物防控主要分为以下两类措施。

1. 对于害虫天敌资源的保护和利用 基于生态系统的平衡理论，当一种害虫在某地出现并长期存在后，其天敌也会存在。

因此，对于食用菌栽培场所出现的害虫，要善于发现其天敌，观察其天敌发生情况及对害虫的作用方式，明确其天敌种类和习性，以便加以保护和利用。使用药剂防治时，注意选用对害虫药效强但对天敌影响小的农药，或对天敌栖息区域少用药或不用药。或从外地引进天敌防治害虫时，应确保不破坏本地生态平衡。

2. 利用病原微生物防治害虫 如对多种鳞翅目害虫有较好防控效果的苏云金杆菌类生物农药，可以用来防治食用菌生成中的谷蛾、夜蛾和螟蛾等害虫；苏云金杆菌以色列变种生物农药被菇蚊类幼虫摄食后，会导致幼虫出现血毒症而死亡，因此可用于双翅目的菇蚊、菇蝇等幼虫的防治。

（四）化学药剂防控

化学防控即采用化学药剂处理，以达到减少或灭杀病虫害目的。食用菌由于出菇期生长迅速，对化学药剂较为敏感，因此对食用菌进行药剂防治时，应注意以下几个方面。

1. 避免直接对食用菌子实体或菌丝体喷施化学农药 化学药剂可用于栽培场所的接种室、接种工具、培养室、出菇房和覆土材料等进行消毒。即使在栽培过程中需要用药，也尽可能避开有菇的阶段，可有效防控病虫害传播。此外，在清除染病菇体或菌袋之后，也可以对发病区域的场所进行药剂喷施处理。避免对食用菌菇体或菌丝体直接用药，可防止出现药害和农药残留造成的食品安全问题。

2. 选择恰当的喷药时机 尤其在出菇期间发生病虫害时，应尽量避免直接对子实体用药，此时可在一潮菇采收后至下一潮菇出菇的间期对菌袋或菇床进行用药，即选择在出菇间期，菌袋或菇床无菇时喷施药剂进行病虫害防治。对于秀珍菇和榆黄蘑的畦床覆土出菇模式，夏季高温进行害虫防治时，应侧重于覆土的处理，在菌丝长满菌袋开袋覆土时，对覆土进行处理，杀灭害虫或害螨。一般在用化学药剂防治时，有能单独防治的针对性药剂，决不用广谱药剂；能使用低浓度控制的，绝不用高浓度。

3. 改进施药方法，科学使用农药 将杀菌剂拌入干细土，混匀后撒施在菇床或菌袋表面，是控制病害传播的有效方法。不能在菇体上使用残效期长或高残留的农药，可作为药剂隔离带或拌料使用。对于出菇期发生的病虫害，尤其即将采收的成品菇，更不能使用化学农药处理，可针对不同的虫害进行针对性的用药处理，如用拌有药剂的烂果和酒糟等毒饵，诱杀菇蝇、菇蚊等害虫；用拌有药剂的细糠、糖、醋等毒饵诱杀螨虫、谷蛾等害虫；用拌有药剂的炒香的豆饼、麦麸等毒饵诱杀蜗牛、蛞蝓或害鼠等。还可以在栽培场所如菇房、菇棚或耳场四周制造药剂隔离带，可有效阻止害虫、蜗牛等对栽培场所的侵入。对于可以密封的栽培场所，在害虫暴发时可将发病场所封闭起来用熏蒸剂，如磷化铝、高锰酸钾（消毒灭菌）、硫黄等熏蒸杀虫。对于食用菌干品在贮藏期发生虫蛀时，熏蒸杀虫的效果也最好。

4. 严禁使用高毒、高残留农药，尽量减少用药量及用药次数 目前我国在食用菌上登记使用的杀菌剂仅有 50% 咪鲜胺锰盐可湿性粉剂，其他在食用菌上使用的杀菌剂大多数并没有通过农药登记许可。因此，在食用菌上使用农药杀菌剂时，应特别注意其药剂种类、用药量和使用方法等信息。即使通过农药登记的杀菌剂，也会有农药残留发生的可能，尤其不能出现为了防治效果而出现增加用药量和用药次数的情况，否则极易发生农药残留超标的情况，引发农产品质量安全问题。此外，作为化学药剂的一种，许多杀菌剂对食用菌子实体和菌丝体都会有明显的抑制或触杀作用，因此在使用杀菌剂时应严格注意药剂施用浓度。

在食用菌害虫防治上，常用的化学药剂有菇净（4.3% 高氟氯氰·甲阿维乳油）、甲维盐（甲氨基阿维菌素苯甲酸盐）、噻嗪酮、除虫脲、螺螨酯等。菇净属高效低毒型杀剂，对害螨的幼虫和成虫都有较高的灭杀活性，对菇蚊、菇蝇、跳虫、夜蛾、谷蛾、白蚁等均有较好的防治效果，可用于喷雾（防治成虫 1 000

倍液，幼虫2000倍液）、浸泡发病菌袋（2000倍液）、拌料或拌土处理（1000～2000倍液）。甲维盐是一种高效的抗生素杀虫剂，对许多害虫具有很高的活性，1%乳油常用浓度为1500～2500倍液，对鳞翅目的夜蛾、谷蛾和螨类有较高的防治活性。25%噻嗪酮可湿性粉剂常用浓度为2000～3000倍液，对跳虫和菇蚊幼虫有较好的防治效果。除虫脲对鳞翅目害虫、菇蚊、菇蝇等有较好的防治功效，在幼虫期使用25%可湿性粉剂2000～3000倍液喷雾，可致虫体畸形死亡。螺螨酯则为专用的杀螨剂，对于菇房或菇棚在多种螨虫都有较好的防治效果，常用浓度为3000～5000倍液，对卵、幼虫、成螨均有效果，尤其适合防治对已有杀螨剂产生抗性的害螨类。

第五章

采收、保鲜与加工

一、产品采收

（一）秀珍菇采收

一般秀珍菇形成菇蕾之后，经过 5～7 天的管理，当其子实体菌盖平展，边缘内卷，菇盖直径为 3 厘米左右，尚未进入快速生长期时即可开始采收（图 5–1）。采收前应适当的减少喷水量或停止喷水。采收也要分不同的情况进行具体操作：对于不是丛生或者密集的菇体，要坚持采大留小的原则；对于丛生或者密集的菇体则可以整丛采摘下来。采收时一手按住菌袋，一手抓住菌柄，将整丛菇旋转拧下，将菌柄基部的培养料去掉；或为避免在采摘过程中损失太多的菌袋培养料影响后续的出菇，可采用工具刀直接将采收的菇丛或菇体从菌袋上切割下来。栽培的秀珍菇采收后要及时进行分级，并进行适当的包装。

1. 市场分级标准

一级菇：菌盖直径 2～3 厘米，菌柄长度 4～6 厘米，剪去老化根，菌盖褐色或灰白、无裂边，菌柄白色，含水量 85%，无任何发黄、农药残留等异常情况。

二级菇：菌盖直径 3～4 厘米，菌柄长度 5～7 厘米，菌柄不带残渣，有少量菇裂边，含水量 80%～85%，无其他任何异常情况。

等外菇：市场上等外菇视同平菇，菇盖直径超过 4 厘米，菇

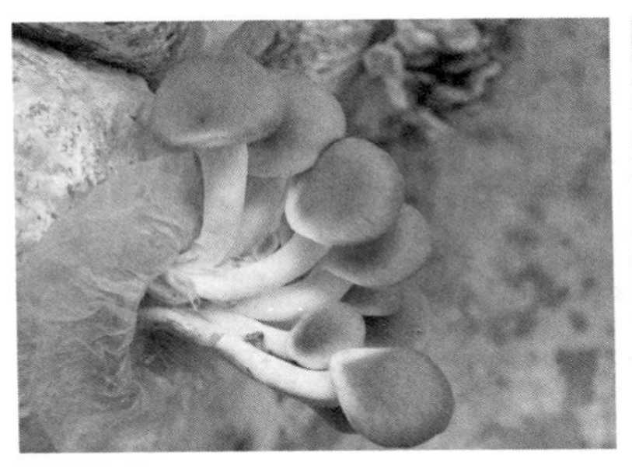

A

B

图 5-1　商品秀珍菇（A 何焕清摄，B 涂改临摄）

脚较长，容易裂边。此外，未经过分级处理的秀珍菇也视同等外菇。

包装好的商品要及时送入保鲜冷库进行冷藏处理，库温维持在 4～8℃。经过上述处理的商品，可以达到较长时间的保鲜效果。

2. 采收后的管理　秀珍菇在完成采收后要及时对菌袋进行清理，去除袋口或料面的老化菇根、枯死的幼菇及菇蕾，因为这类残留的菇体最容易受到病虫害的危害，也是病虫害滋生的最好养分。因此，在处理这类残留菇体时应直接剔除直至露出新鲜的培养料或菌丝层为止。一潮菇采收完之后，最好当天完成全部菌袋的清除工作，并将剔除的残菇及其他采收遗留的垃圾及时从菇房内清理干净。对于清理出来的栽培废料可直接用作肥料，也可晒干后用于栽培鸡腿菇等其他食用菌。菌袋清理完毕后，应立即停止对菇房喷水，同时适当加大菇房通风量，换气 1～2 天，保持室内湿度 70%～80%，可防止杂菌等病害的大量发生。如果菇房空气太干燥每天可以用喷雾器适当喷一点水雾。此时再次进入养菌阶段，为下一潮菇的出菇积蓄养分。一般养菌 3～5 天或视菌袋情况延长至 7 天，让菌丝恢复生长。然后调水，在温差刺激前进行充分补水后，进入下一潮菇的出菇管理。

第二潮菇出菇前需对菌袋进行浸水或注水处理，一般的浸水或注水可使菌袋增水 100～200 克，这就为出好下一潮菇提供了充分的水分保障。对发现有杂菌污染的菌袋最好能分开处理，以防交叉感染，影响其他健康菌袋的出菇及最终菇的等级。对补水充分的菌袋进行温差刺激，即放入 4～8℃的冷库中 24 小时，给予低温刺激，同时也兼有对杂菌进行抑制处理的作用。秀珍菇栽培要获得明显的出菇潮次，必须对栽培菌袋进行低温刺激处理。在低温刺激期间可以对菇棚进行清洁处理，在虫害严重时也可用食用菌专用的杀虫剂控制一下虫口密度。将菌袋从冷库中搬出后，尤其要注意菇房的水分保湿管理。待菇蕾再次显现后，出菇管理同第一潮菇，此时通风与保湿显得尤为重要。第三潮至第六潮等的管理同二潮类似，关键是养菌与补水的处理要适当。每两潮菇间的时间长短与品种特性和气候环境及管理措施密切相关，若管理得当，可收更多潮菇。一般视菌袋营养、栽培管理技术等情况可进行更多潮菇的采收。目前，秀珍菇栽培有的可以采收七潮菇。

（二）榆黄蘑采收

一般在环境适宜的条件下，榆黄蘑出现原基到成熟只需要 10 天左右即可成熟采收。采收是食用菌栽培的最后环节，为了保证食用菌的质量，采收要做到适时。

与秀珍菇的子实体采收具体标准不同，榆黄蘑的采收目前没有比较统一的标准：有的地区在菌盖充分展开，有少量白色孢子散发时采收；有的当整丛菇中最大的菇盖即将展平时采收；还有的对于新鲜销售的榆黄蘑则当菇盖直径 2～4 厘米时，就采收上市。

为了保证榆黄蘑的商品质量，一般建议在榆黄蘑子实体达到七、八成熟时就采摘，此时子实体菌盖基本平展（直径 3～4 厘米），色泽鲜黄，且尚未弹射孢子。采收前 1 天应停止喷水。采收时，用手按住菇丛基部，轻轻旋扭即可，这样采下来的菇柄往往带有培养料，一般要用工具刀削去带培养料的根部；当然，也可直接利用小刀将菇体从培养基表面割下。与秀珍菇的采收方式不同，榆黄蘑在采摘时，子实体无论大小均应一次采摘完全，勿摘大留小。

采收后的管理：榆黄蘑子实体采收后的管理也可适当参考秀珍菇。首先及时清除出菇场所内采收后菌包料面残留的菇脚、畸形菇及其他边角料，并清洁菇房，同时对采收后的菌包停止喷水 2～3 天，之后再进行正常的喷水，此一阶段即进入菌包养菌阶段，为下一潮菇的出菇积蓄养分。采收后的养菌时间约 10 天，直到形成下一潮菇蕾，再按前面所述方法进行出菇管理。如果榆黄蘑栽培技术好，管理得当，可采收 4～5 潮菇。但是榆黄蘑产量往往主要集中在前两茬，如果能够科学管理，一般可以做到生物学效率 100%。

此外，出菇中后期主要是注意对菌袋水分的补充。若菌棒则缺水，可直接打洞补水，同时也可结合补水给菌棒适当补充营养液，或喷施葡萄糖液、菇乐、菇壮素、氨基酸等含多元微量元素的肥料。

二、产品保鲜与加工

（一）保　鲜

采收后的食用菌新鲜子实体仍然会自发地进行呼吸代谢，如呼吸、生长和衰老，而这些生理活动的发生必然会消耗子实体自身的营养，这些代谢活动越活跃对新鲜子实体品质的影响越大。采收下来的新鲜蘑菇子实体产品一般在 25℃的自然条件下存放超过 48 小时甚至更短（如草菇采收 24 小时即开伞）即出现品质下降现象，此后很快失去商品价值，因此需要对采收的鲜菇进行适当的保鲜处理，以延长其商品期。

1. 低温冷藏 在进行秀珍菇冷藏保鲜时，原料鲜菇在采收前1天应停止喷水或采收前4小时停止对菇体直接喷水，应以喷雾和地面淋湿为主，可防止采收时的菇体含水量过高，致使产品在货架期间出现黄化、软化及味苦等现象。采收后的秀珍菇由于呼吸强代谢强度大，会自发散发热量，此时如不及时放入冷库，强烈的呼吸作用会使采收下来的新鲜菇体出现开伞、枯萎或皱缩发黄等现象，进而影响产品的风味、鲜度及货架期。因此，采摘下来的秀珍菇最好在半小时内送入冷库预冷，条件允许时越快越好。预冷时温度控制在0～2℃，相对湿度90%左右，尽可能在短时间内把采收的菇体温度降下来，减少菇体的呼吸代谢热。一般当秀珍菇子实体温度降到0～3℃时，即可按照市场要求进行包装及后续处理，条件允许时可进行真空包装。

秀珍菇目前主要以鲜销为主，秀珍菇冷藏保鲜温度控制在2～5℃效果较好。长时间运输时最好使用冷藏保鲜车进行，若用普通卡车装运则应做好相应的保温措施，防止温度升高。到达目的地后，应立即将产品存入冷库中保藏，以保证菇体的新鲜和商品性。一般低温冷藏处理的秀珍菇可保鲜15天以上。

目前榆黄蘑新鲜子实体的保鲜比较困难，采收下来的鲜菇往往一天之内就会颜色变淡至失去颜色；其次鲜品榆黄蘑子实体质地脆，不适宜贮运，即便是有冷库设施进行保鲜，其搬运或包装过程易碎进而破坏菇体的整体商品性，更不要说经过长距离冷藏运输到销售市场之后还能保持菇体原来的状态。因此，对于想要从事榆黄蘑鲜菇销售的生产者在进行开展榆黄蘑栽培生产之前应充分了解本地的食用菌鲜菇消费情况以及相关的市场容量，以便生产的鲜菇能及时送往市场销售。无法鲜销的榆黄蘑只能进行脱水烘干处理，这也是目前国内榆黄蘑产品主要是干品的原因。

2. 低温气调贮藏 气调贮藏即通过调节贮藏环境中的空气成分（如氧气与二氧化碳的比例——减少氧气含量或提高二氧化

碳的比例，或充入氮气）抑制食用菌新鲜子实体的呼吸强度，延缓其生理代谢活动，从而达到食用菌保鲜的目的。低浓度的氧气和高浓度的二氧化碳环境适合大部分的食用菌品种保鲜要求，但在具体操作过程中气调贮藏也有一些不足之处，如将低氧保鲜环境中的蘑菇子实体取出时，往往会因为子实体的呼吸量骤增而导致保鲜的子实体品质迅速恶化，达不到理想的保藏效果；一些食用菌品种在气调贮藏条件下也可能导致代谢失常，进而损伤组织影响产品品质。在气调条件下配以适宜的低温条件，可以取得更好的贮运保鲜效果。

（二）初 加 工

在食用菌生产中，对食用菌产品进行加工，不但可以充分利用产品的有效成分，还可以增加产品的附加值，延长产品的保存期，丰富产品种类及便于运输，提高食用菌的生产效益。食用菌初加工一般是指加工后的产品仍能保持外观形态或识别食用菌种类的加工工艺。初加工的技术一般比较简单，所需的场地设施等也比较灵活，可小规模的家庭作坊生产，也可大规模的工厂生产。食用菌初加工产品主要有干制品、盐渍品、糖渍品、膨化品、冻干食用菌、食用菌罐头等。其中鲜菇、干菇、罐头和盐渍品的销售占食用菌初加工产品的95%；休闲食品、调味品、膨化食品等仅占5%左右。

常见的食用菌产品初加工形式有盐渍、干制和罐藏等。

1. 盐渍加工 盐渍加工是指将采收的食用菌子实体经过分拣、筛选，去杂（包括劣质、霉烂或有病虫害危害过的子实体）后，对食用菌子实体进行预煮即杀青后，再用一定浓度的盐水浸泡，从而保持子实体营养价值或商品价值。该方法的原理主要是利用高盐溶液的渗透压，抑制菇体细胞的生理活动和微生物的生长，从而达到食用菌子实体较长时间的保鲜目的。食用菌盐渍加工工艺如下：

鲜菇分拣、去杂→清洗护色→杀青冷却→盐渍→产品包装→保存或出售

（1）鲜菇的分拣、去杂 主要是掌握不同菇的采收标准，适时采收，以利于筛选分级等前期工作。

（2）鲜菇的清洗护色 对分拣好的鲜菇，一般可使用0.6%左右的食盐水直接浸泡清洗，可达到菇体清洗与护色同时进行的效果；对于菇体易变褐或发黑的品种，可将洗净后的菇体投入柠檬酸溶液（pH值4～4.5）中浸洗，可有效抑制变褐或发黑的发生。

（3）鲜菇的杀青冷却 将鲜菇在开水中快速煮熟，避免菇体老化、开伞等，使之保持菇体原本形态的同时排出鲜菇组织内部的部分水分，使菇体表面的气孔扩张，以利于盐渍顺利进行的加工过程即所谓的杀青。操作时，先将淡盐水（浓度10%左右）烧开，再投入清洗护色过的鲜菇，轻轻搅动使鲜菇受热均匀、充分熟透，一般需5～10分钟，杀青时间应根据鲜菇的品种、子实体大小等煮熟为度（煮熟后的菇体在冷水中会直接沉到水底）。杀青结束后，及时将煮熟的菇体捞出，投入冷却缸中，可通过流水快速冷却，也可倒掉热水进行冷却，待完全冷却后捞出，置于竹筐或周转工具中沥水，以便进行下一步操作。杀青过程中应注意充分煮熟，但又不能过火甚至煮烂，尤其对于秀珍菇和榆黄蘑这类菌肉相对薄的食用菌种类。

不同品种的鲜子实体煮熟可通过以下四点判断：一是菇体投入冷水中即自然下沉；二是切开菇体看菌肉颜色，煮熟的菇体内外基本同色或颜色均匀；三是用手感受菇体，手捏菇体具有弹性则说明已经煮熟；四是直接品尝，煮熟的菇肉质发脆，而对于未熟透的菇则肉质发黏。

（4）盐渍加工 将冷却后的鲜菇子实体按20厘米左右厚度投入盐渍的相关工具中（如、桶或缸等），撒上一层食盐，即按照一层菇一层盐直至将缸装满，菇和盐的质量比例约为4∶1，然

后倒入 23% 左右、pH 值 3～3.5（柠檬酸调制）的盐水，最上面一层菇体表面再撒一层食盐，将菇体覆盖。为使菇体全部浸入液体中，可使用竹排等类似的物品覆盖并上压干净的石块。盐渍过程中，2～3 天后即需要将下层的菇体翻到表面，即所谓的“倒缸”操作以便盐渍充分。盐渍期间重复倒缸操作，经过 10～20 天即可完成盐渍过程。

盐渍加工的注意事项：盐渍时，无论加工量有多少，剩余不用的食盐溶液均应进行储存备用，不可随便排放到外界环境中导致污染环境和土壤，同时由此导致的浪费也会加到加工成本。对于剩余的盐水可静置于池（缸）中，下次再随时配用即可。

（5）盐渍菇的销售或储存 盐渍好的鲜菇销售时，可根据市场要求或客商要求进行包装，一般装桶，至额定重量后灌入 pH 值为 3 的饱和溶液，再撒一层食盐用于封口，并盖上桶盖密封，即可用于出售或保存。

目前国内的盐渍食用菌产品主要有盐水双孢蘑菇、平菇、姬菇等。与蔬菜腌制加工会产生乳酸发酵过程不同，食用菌的盐渍加工不会产生乳酸等具有防腐作用的酸类物质。同时食用菌盐渍加工过程中极少使用食品加工用的防腐添加剂，且加工时的盐浓度一般在 20%～25%。

2. 干制加工 即将新鲜的食用菌产品经过自然晾晒或人工干燥，使其含水量降到干燥标准以下（一般 13% 以下）。食用菌干制品耐贮藏，不易腐败变质，有利于解决周年销售的问题。干制加工，一般可分为晾晒干燥、热风干燥和冷冻干燥三种：

（1）晾晒干燥 一种自然经济的干制方式，包括晾干和晒干。食用菌晒干后，不仅有利于保存，有的种类甚至还能改善子实体的品质和提高营养价值，如香菇晒干的过程可促使香菇中所含的维生素 D 原成分转化成维生素 D_2。食用菌晒干过程一般为 2～3 天，对一些后熟作用强的菇类还需要在采收当日通过蒸煮灭活处理后再进行晾晒干制。

（2）热风干燥 是目前食用菌产品干制的主要方法。通过将鲜菇置于烘烤房、笼或置于烘干机中用炭火、电热等作热源进行干燥的工艺。热风烘干不受气候条件影响，干燥速度快，省时、省工，产品质量有保证。

（3）冷冻干燥 相较于上述两种常规的干制加工方式，冷冻干燥现在也越来越多的应用于食用菌产品的干制加工。但由于冷冻干燥的温度条件要求较高，一般要达到 -20℃才能达到效果，其投入成本也相对较高，是目前大型食用菌生产企业或加工企业使用比较多的干制方法。冷冻干燥原理主要是通过先将菇体中的水分冻成冰晶，然后在较高的真空条件下升温使冰直接升华汽化，达到干燥效果。如果需要产品长期保藏，可同时在真空包装的包装袋内充氮气。常规的冷冻干燥工艺是将鲜菇放入密闭条件好的容器中，在 -20℃气温下冷冻，然后在较高真空条件下缓缓升温，经 10～12 小时处理，使子实体脱水干燥。一般经过冷冻干燥处理的产品往往具有良好的复原性，只要在热水中浸泡一定时间即可复原，风味与鲜菇几乎没有差别。

对于热风干燥，由于不受环境条件的影响，周年均可进行，适于各种菇类的干制，且相对于自然晾晒过程中天气的变化，热风干制的条件较为稳定，干燥的质量较自然晾晒效果要好得多。干制的质量好坏还与采菇、分级、剪柄、清选、切片等有密切的关系。

3. 罐藏加工 食用菌罐藏能保藏较长时间，主要有两方面原因：一是密封的罐藏条件隔绝了与外界的交流（空气和微生物等），二是罐藏的产品经过杀菌处理，罐内微生物几乎被完全杀灭，微量幸存的好氧微生物也因为缺氧环境而无法活动。但也要注意，一旦出现厌氧微生物时罐藏产品依然有变质的风险。通常罐藏的食用菌产品保鲜期限是 2 年左右。

食用菌罐藏加工的工艺流程：

原料菇的验收→漂洗（护色）→预煮（漂烫）→冷却→整理、分级→装罐→加注汤汁→预封→排气密封→灭菌→冷却→质量检验→包装、贮存

工艺的操作要点有如下几方面。

（1）原料菇的验收 一般鲜菇在采收后由于后熟作用等极易变色和开伞，因此鲜菇在采收到装罐前的处理要尽可能快，以减少产品在空气中的暴露时间，否则会影响处理效果。此外，为了确保产品质量，原料菇验收时要按照最终产品的规格要求严格进行。

（2）漂洗（护色） 验收后的原料菇应立即浸入2%的稀盐水或0.03%的焦亚硫酸钠溶液中漂洗。目的是去掉菇表面的泥沙和杂质，隔绝空气，抑制菇体中生物酶的作用，防止变色，保持菇体颜色正常，阻止菇体继续生长发育，保持菇体原来的形状。

漂洗液种类有清水、稀盐水（2%）和稀焦亚硫酸钠溶液（0.03%）等。为保证漂洗效果，漂洗液需注意及时更换，可通过溶液的浑浊程度来确定是否替换新的漂洗液，使用1～2小时可更换1次。

（3）预煮（漂烫） 即杀青。鲜菇漂洗干净后及时捞起，用煮沸的稀盐水或稀柠檬酸溶液等煮10分钟左右，以煮透为度（可参考盐渍加工的杀青操作）。

预煮可破坏菇体中酶的活性，除去菇体组织中的空气，防止菇体氧化褐变；杀死菇体组织细胞，保持菇体原状；破坏细胞膜，增加膜的通透性，以利于汤汁的进入增加风味；还可以使菇体组织软化、收缩，增强其塑性，便于装罐，减少菌盖的破损。预煮完毕后立即放入冷水中冷却。由于食用菌菇体中含有含硫氨基酸，易与铁反应生成黑色的硫化铁，所以预煮容器应选择铝质或不锈钢材质。

（4）整理、分级 为了使罐装产品的菇体大小基本一致，装

罐前仍需进行整理分级。分级又有人工分级和机械分级。

（5）**装罐** 处理好的菇体尽快装罐，以防止微生物再次污染。装罐时要注意菇体大小、形状、色泽基本一致，装罐量力求准确，并留有一定的顶隙。所谓顶隙是指罐内菇体表面与罐盖之间的距离。原料装罐有手工装罐和机械装罐。

（6）**加汤汁** 装罐完后，再注入一定量的汤汁，其目的包括增进菇体风味，提高罐内菇体的初始温度，缩短杀菌时间，提高罐内真空度。汤汁的种类、浓度、加入量因食用菌种类的不同而有所差异。常用汤汁主要有精制食盐水或用柠檬酸调酸的食盐水两种。汤汁温度要求在 80℃左右，一般采用注液机进行操作。

（7）**预封** 菇装罐后，在排气前应进行预封，以防止加热排气过程中，罐中的菇体因加热膨胀或汤汁溢到罐外等现象发生。预封操作一般由专门的封罐机操作，预封的罐盖不能脱离罐身，以便在排气时让罐内空气、水蒸气等能够自由地由罐内逸出。

（8）**排气和密封** 排气方法常用的有加热排气法和真空封罐排气法。主要是为了阻止罐头中嗜氧细菌和霉菌等微生物的生长，防止加热灭菌时因空气膨胀而导致容器变形和破坏以及减少菇体营养成分的损失等。因此，罐头在密封前要尽量将罐内空气排除干净。

（9）**灭菌和冷却** 对经过排气密封的食用菌罐头进行高温灭菌，基于不同的产品规格将罐头灭菌过程的升温阶段、恒温阶段和冷却阶段的主要工艺条件按规定格式连写在一起称为杀菌公式。如某种罐头的杀菌公式是 10′－23′－5′/121℃：即灭菌器加热到灭菌温度 121℃所需的时间，即升温阶段的时间是 10 分钟；达到灭菌温度 121℃后需维持恒温 23 分钟，即恒温阶段的时间是 23 分钟；冷却阶段即降压降温的时间是 5 分钟。罐头经高温灭菌后要迅速冷却至 40℃左右。

马口铁罐头、玻璃瓶罐头和软罐头在灭菌和冷却方法上有所不同，灭菌器也有所不同。马口铁罐应使用金属罐头灭菌器，玻璃罐头用玻璃罐头灭菌器，软罐头使用软罐头灭菌器。灭菌操作的正确与否，对保证最终的罐头产品的质量极其重要，操作人员应经过专门培训和实习后才能单独上岗。

（10）**清洁、检验和包装**　罐头灭菌冷却后，及时清洁每个罐头上的水分、油污等，然后检验是否有漏气、密封不严等情况，并及时剔除不合格产品，将合格产品打包、装箱。

秀珍菇的初加工商品，目前市面较少，主要还是以鲜菇销售为主。秀珍菇主栽地区如福建罗源县生产企业在秀珍菇市场售价低时，将秀珍菇鲜品经高压蒸汽蒸煮，使其迅速熟透，再将熟透的秀珍菇放入超低温冷冻室速冻，从而最大限度地锁住秀珍菇子实体的鲜味，再将冷冻菇产品投向市场，或将其用作其他产品如即食休闲食品（菇脆等）或菇类罐头等的原料，从而实现秀珍菇生产效益的最大化。榆黄蘑的初加工产品主要还是以干制为主，干制后的榆黄蘑其保存相对也要方便得多。

主要参考文献

［1］边银丙．食用菌栽培学（第3版）．北京：高等教育出版社，2017.

［2］边银丙．食用菌病害鉴别与防控．郑州：中原农民出版社，2016.

［3］张金霞．中国食用菌菌种学．北京：中国农业出版社，2011.

［4］张金霞，赵永昌．食用菌种质资源学．北京：科学出版社，2017.

［5］黄年来，林志彬，陈国良，等．中国食药用菌学．上海：上海科学技术文献出版社，2010.

［6］宋金娣，曲绍轩，马林．食用菌病虫识别与防治原色图谱．北京：中国农业出版社，2013.

［7］方芳，宋金娣，冯吉庆，等．食用菌生产大全（第二版）．南京：江苏科学技术出版社，2007.

［8］肖自添，何焕清．食用菌病虫害安全防治．中国科学技术出版社，2017.

［9］杨淑云．秀珍菇的菌种特性及制种技术［J］．北方园艺，2007（11）：213–213.

［10］吴韶菊．袖珍菇液体培养基的筛选［J］．北方园艺，2011（15）：215–216.

［11］李宇伟，连瑞丽，王新民，等．秀珍菇高产优质栽培

技术［J］. 中国林副特产，2009（6）：40–42.

［12］谭志勇，高芳云，王燕君，等. 秀珍菇不同培养料配方栽培效果比较试验［J］. 广东农业科学. 2008（7）：21–22.

［13］李依韦，郭海林. 秀珍菇高产品种选育［J］. 内蒙古民族大学学报（自然科学版）. 2009，24（5）：514–518.

［14］张晓玉，张博，辛广，等. 秀珍菇营养成分、生物活性及贮藏保鲜的研究进展［J］. 食品安全质量检测学报. 2016，7（6）：2314–2319.

［15］丁湖广. 秀珍菇特性及高产优质栽培技术［J］. 北京农业 .2003（10）：14.

［16］王增术. 袋栽秀珍菇培养料配方筛选试验［J］. 食用菌，2003，25（3）：26–27.

［17］刘跃钧，王思贵，郑文彪，等. 秀珍菇生物学特性及高产栽培技术［J］；食用菌. 2003，25（4）：37–38.

［18］冯志勇，王志强，郭力刚，等. 秀珍菇生物学特性研究［J］. 食用菌学报. 2003，10（3）：11–16.

［19］陈君琛，沈恒胜，汤葆莎，等. 秀珍菇反季节高效栽培技术研究［J］. 中国食用菌. 2003，22（4）：21–23.

［20］杨蒙. 榆黄蘑研究进展［J］. 现代农业科技. 2013（19）：83–83.

［21］王玥玮，王麒琳，张立娟. 榆黄蘑营养成分及其生物活性的研究进展［J］. 食品研究与开发. 2017，38（4）：201–203.

［22］高凡慧. 榆黄蘑液体菌种制备及其袋料栽培研究. 沈阳农业大学. 硕士学位论文. 2016.

［23］张影，包海鹰，李玉. 珍贵食药用菌金顶侧耳研究现状［J］. 吉林农业大学学报. 2003，25（1）：54–57.

［24］王德芝，周颖. 板栗苞栽培榆黄蘑配方筛选及效益比较研究. 湖北农业科学. 2011，50（18）：3737–3738.

[25] 张梅春，邓玉侠，张明磊．林下榆黄蘑栽培技术及效益的研究［J］．山东林业科技．2017，47（1）：73–75.

[26] 金华春，曾国荣，赖文双，等．南方地区栽培金顶侧耳高产技术［J］．食用菌．2015，37（2）：53–54.

[27] 李喜范，王福祥．金顶侧耳生料大袋覆土栽培高产技术［J］．食用菌．2008，30（2）：42–43.

[28] 吴炳臣，李喜范．金顶侧耳露地生料高产栽培技术［J］．中国食用菌．1997（6）：38–39.

[29] 阮晓东，阮周禧，阮时珍，等．榆黄蘑高产袋栽技术［J］．食药用菌．2014，22（5）：290–291.

附 录

NY 5099—2002 无公害食品食用菌栽培基质安全技术要求

前 言

本标准的附录 A、附录 B 均为资料性附录。

本标准由中华人民共和国农业部提出。

本标准起草单位：中国微生物菌种保藏管理委员会农业微生物中心。

本标准主要起草人：张金霞、贾身茂、左雪梅、李世贵、姜瑞波、顾金刚。

无公害食品食用菌栽培基质安全技术要求。

1 范 围

本标准规定了无公害食用菌培养基质用水、主料、辅料和覆土用土壤的安全技术要求，以及化学添加剂、杀菌剂、杀虫剂使用的种类和方法。

本标准适用于各种栽培食用菌的栽培基质。

2 规范性引用文件

下列文件中的条款通过本标准的引用而成为本标准的条款。凡是注日期的引用文件，其随后所有的修改单（不包括勘误的内容）或修订版均不适于本标准，然而，鼓励根据本标准达成协议的各方研究是否可使用这些文件的最新版本。凡是不注日期的引用文件，其最新版本适用于本标准。

GB5749 生活饮用水卫生标准

GB15618 土壤环境质量标准

3 术语和定义

下列术语和定义适用于本标准。

3.1 主料

组成栽培基质的主要原料，是培养基中占数量比重大的碳素营养物质。如木屑、棉籽壳、作物秸秆等。

3.2 辅料

栽培基质组成中配量较少、含氮量较高、用来调节培养基质的 C/N 比的物质。如糠、麸、饼肥、禽畜粪、大豆粉、玉米粉等。

3.3 杀菌剂

用来杀灭有害微生物或抑制其生长的药剂，包括消毒剂。

3.4 生料

未经发酵或灭菌的培养基质。

4 要 求

4.1 水

应符合 GB5749 规定。

4.2 主料

除桉、樟、槐、苦楝等含有害物质树种外的阔叶树木屑；自然堆积六个月以上的针叶树种的木屑；稻草、麦秸、玉米芯、玉米秸、高粱秸、棉籽壳、废棉、棉秸、豆秸、花生秸、花生壳、甘蔗渣等农作物秸秆皮壳；糠醛渣、酒糟、醋糟。要求新鲜、洁净、干燥、无虫、无霉、无异味。

4.3 辅料

麦麸、米糠、饼肥（粕）、玉米粉、大豆粉、禽畜粪等。要求新鲜、洁净、干燥、无虫、无霉、无异味。

4.4 覆土材料

4.4.1 泥炭土、草炭土。

4.4.2 壤土

符合 GB 15618 中 4 对二级标准值的规定。

4.5 化学添加剂

参见附录 A。

4.6 栽培基质处理

食用菌的栽培基质，经灭菌处理的，灭菌后的基质需达到无菌状态；不允许加入农药。

4.7 其他要求

参见附录 B。

附录 A
（资料性附录）

食用菌栽培基质常用化学添加剂种类、功效、用量和使用方法

食用菌栽培基质常用化学添加剂种类、功效、用量和使用方法见表 A.1。

表 A.1 食用菌栽培基质常用化学添加剂种类、功效、用量和使用方法

添加剂种类	使用方法与用量
尿素	补充氮源营养，0.1%～0.2%，均匀拌入栽培基质中
硫酸铵	补充氮源营养，0.1%～0.2%，均匀拌入栽培基质中
碳酸氢铵	补充氮源营养，0.2%～0.5%，均匀拌入栽培基质中
氰氨化钙（石灰氮）	补充氮源和钙素，0.2%～0.5%，均匀拌入栽培基质中
磷酸二氢钾	补充磷和钾，0.05%～0.2%，均匀拌入栽培基质中
磷酸氢二钾	补充磷和钾，用量为 0.05%～0.2%，均匀拌入栽培基质中
石灰	补充钙素，并有抑菌作用，1%～5%均匀拌入栽培基质中
石膏	补充钙和硫，1%～2%，均匀拌入栽培基质中
碳酸钙	补充钙，0.5%～1%，均匀拌入栽培基质中

附录 B

（资料性附录）

不允许使用的化学药剂

B.1　高毒农药

按照《中华人民共和国农药管理条例》，剧毒和高毒农药不得在蔬菜生产中使用，食用菌作为蔬菜的一类也应完全参煎执行，不得在培养基质中加人。高毒农药有三九一一、苏化 203、一六〇五、甲基一六〇五、一〇五九、杀螟威、久效磷、磷胺、甲胺磷、异丙磷、三硫磷、氧化乐果、磷化锌、磷化铝、氰化物、呋喃丹、氟乙酰胺、砒霜、杀虫脒、西力生、赛力散、溃疡净、氯化苦、五氯酚钠、二氯溴丙烷、四〇一等。

B.2　混合型基质添加剂

含有植物生长调节剂或成分不清的混合型基质添加剂。

B.3　植物生长调节剂